U0262032

国家自然科学基金项目"南水北调中线工程水源地农业面源污染协同治理研究"（71804042）

国家自然科学基金联合基金项目"南水北调中线水源区生态环境多主体协同治理机理与模拟研究"（U1704124）

河南省社科规划"基于演化博弈的南水北调中线河南水源区生态产业耦合系统形成机理及演化轨迹分析"（2017BJJ023）

前　　言

随着社会经济的发展以及城市化进程的推进，我国正面临着严重的资源危机，尤其以水资源危机最为突出。水资源短缺已成为我国社会经济发展的"瓶颈"。我国的水资源短缺不仅仅是资源短缺，更是制度短缺，制度短缺加剧了资源短缺。因此，解决水资源短缺的途径不应着眼于工程技术上的"开源"，而应将重点放在如何通过管理的创新"节流"之上，使用创新性治理理论重新审视流域水资源管理，并探求创新治理下流域水资源配置应如何实现。

我国流域水资源管理主要采用的是科层制治理，配置方式是以行政配置为主，借助于基础的系统科学以及工程手段，这种配置模式受到政府自身能力的限制，缺乏对人—人关系的考虑，存在严重的"政府失灵"问题。在新时期，流域水资源管理应该引入新的治理思想，在新的治理思想指导下突破原有的水资源管理及配置思维定式。政策网络作为一种新的治理机制，为流域水资源管理及配置的创新研究提供了可能。

本书综合运用管理学、经济学、水文水资源学、模糊决策、运筹学等相关知识，考虑人—人关系，构建流域水资源政策网络，提出了基于政策网络的流域水资源帕累托优化配置理论。将流域水资源宏观治理思想、中观主体之间的关系结构、微观主体自身优化运行形成一个整体，阐释了"政策制度安排—博弈协商机制—个体运行最优化"的帕累托优化配置机理，并在此机理的指导下研究了流域水资源配置的帕累托改进路径；在流域水资源配置的帕累托改进路径指导下，分别构建了考虑公平的、考虑公平及效率的流域水资源帕累托优化配置模型。通过提出用水主体满意度概念，构建最低满意度约束函数和满意度平衡约束函数，为用水主体参与流域水资源配置提供协商渠道，实现考虑公平的流域水资源帕累托优化配置。针对不同主体间的互动以及主体自身运行优化相互影响，通过用水主体满意度协商和水量交易协商交互影响的方式，实现考虑公平及效率的流域水资源帕累托优化配置；设计了基于响应面方法的流域水资源帕累托优化配置模型求解算法，并以清漳河流域为例对模型进行了理论和方法验证，为清漳河流域的水资源管理和配置提供了参考。

目　录

第一章 绪论

第一节 选题的背景

一 我国水资源短缺现状

水是人类及一切生物赖以生存的基础性自然资源以及社会经济发展的战略性资源，水对人类社会的发展具有重要的意义。我国淡水资源总量为 2.8 万亿立方米，占全球水资源的 6%，但是，由于人口基数较大，人均水资源量仅为世界平均水平的 1/4，人均水资源量世界排名第 121 位[1]，被联合国列为全球 13 个人均水资源最贫乏的国家之一[2]。具体来讲，我国水资源短缺主要表现在以下几个方面。

1. 水资源时空分布不均

我国降水主要集中在夏季，其中，在季风区，60%—80% 的降水集中在 6—9 月[3]。水资源总体分布南方多、北方少，东部多、西部少。北方地区面积、人口、耕地分别占全国的 64%、46%、60%，水资源总量却仅占全国的 19%[4]。同时，全球气候变化对水文循环带来的影响，将引起水资源在时空上的重新分布和水资源量的改变。根据 IPCC 第四次《气候变化评估报告》，到 21 世纪末，全球地表温度将继续升高 1.8—4℃，某些区域的降雨量将会出现 ±20% 波动，尤其是中、高纬度地区，高温和干旱现象将会变得更为普遍。

2. 水资源总量日益减少

半个世纪以来，自然因素和人类生产活动对水资源产生了巨大的影响。在这种影响下，我国水资源发生了深刻的演变，尤其是21世纪以来，全国水资源量减少十分明显。从图 1.1 中可以看出，2003—2012 年，地表水资源量与水资源量常年值相比整体呈减少趋势，其中，2005 年、2010 年以及 2012 年，地表水量和水资源总量较常年值有所增加，这是由于在这三个时间段内，我国均发生了不同程度的洪水灾害，属于非常规情况。在水资源总量日益减少的情况下，我国的 600 多座城市中多达 2/3 的城市存在供水不足的问题，其中严重缺水城市有 110 个，年缺水量达到 100 亿立方米[5]。

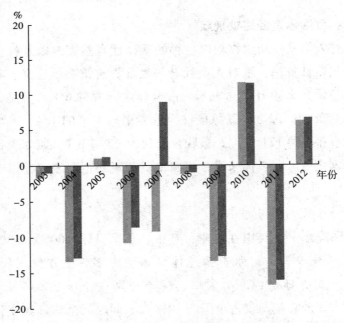

图 1.1 2003—2012 年我国水资源总量与常年值百分比

注：浅色阴影处为地表水资源与常年值变化百分比，深色阴影处为水资源总量与常年值变化百分比。

3. 水资源需求大幅增加

根据联合国 2009 年发布的《世界水资源报告》，人们对水资源需求的增加速度达到每年 0.064 亿立方米[6]。Wada 对人类用水消费和水资源量的关系进行了研究，提出人类水资源的消费使干旱的频率增加了 27% 左右[7]。根据《水资源公报》，2003—2012 年，我国总的用水需求量增加了 800 多亿立方米，尽管 2009 年以来我国实行了最严格水资源管理，年需水总量增长的速度有所下降，但总数量依然呈现不断增加的态势（见图 1.2）。据估计，到 2030 年，我国人均水资源量将从目前的 2119 立方米下降到 1700 立方米，而国民经济需水总量还将增加约 1400 亿立方米。

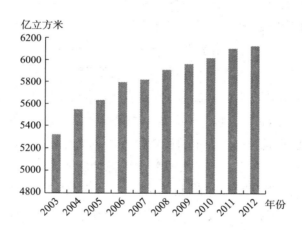

图 1.2　2003—2012 年我国年需水总量统计

4. 水污染造成水资源供给量进一步减少

2012 年废水排出总量达到 785 亿立方米，是 1980 年废水排出总量的两倍多，更为严重的是多达 40% 的废水没有得到及时处理，这使一半以上的主要河流受到污染，达不到饮用水源的水质标准，对饮用水卫生安全构成了极大的威胁[8]。据估计，到 2030 年，废污水排放量将从 2012 年的 785 亿吨增加到 850 亿—1060 亿吨。另外，根据 2012 年对全国 20.1 万千米的河流水质评价，全国全年有 54.8% 的河长受到污染（Ⅲ—劣 Ⅴ 类），其中 15.7% 的河长重度污染（劣Ⅴ类），尤其以海河最为突出；根据2012年对全国较大的湖泊共2.6万平方千米水面的水质评价，全国全年有55.8%的水面面积受到污染（Ⅳ—劣Ⅴ类），其中劣Ⅴ类占24.3%，尤其以太湖、滇池、巢湖最为突出。

5. 水资源利用效率偏低

据统计，2012年，我国农田灌溉的利用系数为0.52，与发达国家的0.7—0.8相比还有较大差距；万元工业增加值用水量69立方米，是世界先进水平的2—3倍。另外，全国大多数城市的供水管网存在滴漏现象，水资源损失率达20%以上。

二　我国流域水资源配置问题严峻

水资源供需矛盾日益紧张，受水资源短缺威胁的地区范围也在不断扩大，用水主体之间由于争夺水资源而引发各种各样的冲突。据统计，第二次世界大战之后，因水发生的国家冲突频率比20世纪前50年的频率增加了6.5倍，正如世界银行的Isamel Serageldin所言，21世纪的战争将因为水引发[9]。我国七大流域均都存在不同程度的水资源冲突。其中，以京津冀水资源冲突和漳河水资源冲突最为严峻。京津冀位于海河流域的中心位置，三省市边界地区涉及水系多为跨省河流，水事关系十分复杂，跨界水事冲突频发。典型的有2002年京津地表水资源冲突、2003年京冀地表水事纠纷、2003年津冀地下水资源冲突等。漳河水资源冲突始于20世纪50年代，水资源冲突主要发生在山西、河北、河南三省交界地区的浊漳河、清漳河和漳河干流河道上，涉及山西省长治市的平顺县，河北省邯郸市的涉县、磁县，河南省安阳市的林州市、安阳县。晋冀豫沿河群众为争夺水资源和河滩地，曾多次动用枪支、土炮、土炸药包，相互炸毁水利工程及生产、生活、交通设施，甚至炮击村庄，造成人员伤亡和巨大经济损失。20世纪80年代以来，先后发生大规模炸渠、械斗、爆炸、炮击事件30余起，仅1999年单次水资源冲突造成的直接经济损失就达800余万元。由此可见，我国水资源冲突已经由区域性问题发展成为流域性问题，水资源冲突问题十分严峻，成为制约我国经济发展的重要因素。

三　新时期我国水资源管理的指导思想

在水资源日益紧缺、跨界水资源冲突问题严峻的背景下，中央政府颁布了一系列政策。2011年，中央一号文件《中共中央国务院关于加快水利改革发展的决定》，提出确立了新形势下水利的公益性、基础性、战略性，提出实行最严格的水资源管理制度，确立了水资源开发总量控制、用水效率控制、水功能区纳污控制三条红线；提出要完善流域管理与区域管理相结合的水资源管理制度；逐步推行水价改革，大力促进节约用水和产业结构调整，建立节水型社会。2012年，水利部依据国务院三号文件《国务院关于实行最严格水资源管理制度的意见》，标志着最严格水资源管理制度考核工作全面启动。2013年，十八届中央委员会第三次全体会议通过了《中共中央关于全面深化改革若干重大问题的决定》，明确要求现行水资源管理制度必须改革，加快推进水权制度建设。2014年8月，水利部部长陈雷在《求是》上发表了《新阶段的治水兴水之策》一文，明确提出了新时期的水资源管理思路。

新时期治水思路的提出，意味着我国治水理念从人类向大自然的索取向人与自然和谐共处的转变；水资源配置由传统重"工程"、轻"管理"的供水管理向需水管理转变，更加强调通过政策、制度对水资源进行配置，强调节水型社会的建立；治水体制由传统的"多龙治水"向尊重水资源自然特性的流域管理体制转变，从考虑地方单一的经济效益最大化到兼顾生态环境等多目标的流域统一管理转变，从灌区、水库等控制工程的分别优化到流域范围内整体优化转变。治水手段由单一的行政配置向加强市场配置转变；从对水资源开发利用为主向开发利用保护并重转变，从局部生态治理向全面建设生态文明转变。新时期的水资源管理思路给我国水资源管理体制的创新提供了机遇，也带来了挑战。

第二节　问题的提出及研究意义

一　问题的提出

传统的以需定供水资源管理模式下，解决水资源短缺的方法是增加水资源供给。我国主要以工程技术为主要方式增加供给，如开发地下水、跨区域调水、海水淡化等。这种传统的解决水资源问题的思路存在一定的前提假设：一是水资源供给储备量充足，这种情况下的水资源短缺主要是由于工程设施的不完善所导致的供给短缺，而不是水资源本身的短缺；二是水资源的利用效率较高，如果人们对水资源的利用效率较低，提高水资源利用率将会是他们的最优选择，对新水源的投资开发不能从根本上解决问题。我国北方地区对水资源的开发力度很大，甚至接近或超出当地生态环境的承载力，导致了生态环境的恶化。而与水资源短缺形成对比的是，我国的用水效率却很低，即使在缺水地区，农业水资源渠系利用系数也不及发达国家的一半，工业用水重复利用率只达到40%。传统的水资源配置重"工程"、轻"管理"，侧重关注人—水关系的绝对水量平衡，在水资源供给减少、需求增加的实际情况下，对缓解水资源短缺矛盾、解决跨界水资源冲突显得有些无能为力。具体表现在：①目前存在的水资源管理权利分散化不符合水资源自然特性所需求的流域统一管理模式，造成了水资源配置的低效；②指令式的水资源配置决策过程缺少各用水主体的利益诉求渠道，不能协调上下游、左右岸地区和部门之间的冲突；③对用水主体用水行为引导、激励、约束的缺失造成了水资源的大量浪费。传统水资源配置体制对人—人关系协调的缺失最终导致了人—水、人—人关系的紧张，不能满足新时期水资源管理要求。因此，从某种意义上讲，我国的水短缺不仅是简单的资源短缺，更是制度短缺，并且制度短缺加剧了水资源短缺。

流域水资源中管理的"人"具有多样性。我国实行流域与区域相结合的水资源管理体制，流域内有多个区域地方政府主体，每个区域内又有工业、农业、环境、生活用水等多个用水主体。在实际中，各行政区在经济发展规划、行业用水主体在用水效率和效益等方面都存在较大的差异。具有异质性的个体除了受外在大环境如政治、经济、技术、社会等因素的影响之外，还会受到内在因素如周围个人的行为及自身素质、心理变化等因素的影响，这些因素决定了有限理性的用水主体会根据个人利益得失的变化来改变自己策略选择，从而形成了主体行为的多维性，继而带来流域水资源管理中的各种冲突：需水量与所分配水量的冲突、水资源短缺与用水效率低下的冲突等。

随着社会经济活动的发展，各个国家及地区对水资源的需求量越来越大，人们毫无节制地向大自然索取，甚至超越了大自然自身的承载力，水资源稀缺性逐渐突出，水资源管理进入了需水管理时代。需水管理基于水资源配置方案的决策过程和执行过程主要以人为核心展开的事实，从水资源稀缺性出发，从制度创新上考虑如何实现"节流"，重视综合运用市场和政府配置方式对具有竞争性的用水主体之间的矛盾进行调节，注重通过政策机制、激励机制、约束机制创新引导人们的节水行为，抑制不合理的用水需求，从根本上改变人们的用水观念，提高用水效率，实现在水资源供给总量不变条件下，满足社会各主体对水资源的需求，实现和谐的人—人、人—水关系，缓解水资源冲突。

综上所述，传统水资源配置制度的局限性存在的主要原因在于其机制对人—人关系的重视程度不够，无法满足以"沟通与协调"为特征的新时期的要求[10]，从而在一定程度上带来了"政府失灵""市场失灵""技术失灵"的问题。新时期的水资源配置制度要规避这些现象，关键在于制度创新。即除了要在水资源配置的人—水关系上，进一步探讨政府与市场在水资源配置中的协调关系，充分发挥它们在水资源优化配置中的调配作用，提高水资源的配置效率；

还要兼顾水资源配置的人—人关系，综合考虑各用水主体的利益诉求和用水主体间的利益冲突，协调平衡各用水主体对于水资源配置的满意程度和接受程度，提高水资源配置方案的可执行性，避免水资源冲突现象的发生。

综上所述，在新时期需要对流域水资源配置制度进行创新：重视流域水资源配置中的人—人关系的变化，寻求一种新的治理理论，这种治理思想能兼顾流域整体层面的优化配置，同时能够兼顾流域内各层次主体间的互动以及各主体自身的利益变化，从而实现人—水关系、人—人关系的相对水量分配的各主体"满意"；对这种理论的内涵进行研究，并在这种理论指导下，探究符合我国国情的流域水资源配置的思路及实现。

二　问题的研究意义

随着水资源短缺矛盾日益突出，水资源短缺形势日益严峻，严重影响了我国经济的发展速度。传统的水资源管理及配置机制不能适应新时期以需水管理为特征的治水要求，对流域水资源管理进行创新迫在眉睫。在这样的背景下，寻求一种符合我国流域水资源管理及配置特点的理论，从而实现流域社会、经济、环境的可持续发展，具有很强的理论意义和现实意义。

1. 理论意义

水资源用水主体的行为对水资源配置效率起着关键作用。提高流域水资源管理及配置效率的关键是从关注人—人关系的基础上，对人—水关系的和谐进行研究。而传统的流域水资源管理主要依靠政府这一单一主体的决策，侧重对水量的绝对平衡配置，难以实现用水主体的利益平衡，更不能实现有效的节水激励。流域水资源系统的客观复杂性以及由用水主体产生的主观复杂性，导致了流域水资源管理制度的短缺更为严重，迫切要求采用多学科交叉方法，借鉴和引进新的理论与方法：公共管理理论、准公共产品理论、博弈论、优化理论等，对流域水资源管理及配置的理论和方法进行创新。本书从我国流域水资源管理及配置的实情出发，基于流域水资源配置、准公共产品供给、政策网络的研究，将公共管理学、经济学、管理学、优化科学有机地结合在一起，对流域水资源管理及配置理论进行创新，扩大了流域水资源管理的视角。在流域水资源管理理论创新的基础上，提出用水主体满意度概念、构建满意度函数来提供用水主体之间的沟通渠道，对在流域水资源管理中考虑人—人关系，以及在考虑人—人关系下如何进行流域水资源配置提供了理论依据。对用水主体满意度协商和水权交易协商两种方式交互影响的流域水资源配置决策进行研究，提出了流域水资源初始配置与水权交易同时优化的配置模型，研究用水主体的取水行为与节水行为相互影响下的取水量、交易水量、交易水价确定，丰富了流域水资源配置理论。

2. 现实意义

流域水资源配置制度的创新研究从我国国情、水情出发，着力解决水资源制度短缺问题，综合考虑社会经济发展、生态文明建设，强调人—水、人—人关系的和谐，对水资源进行优化控制，有利于加快实现水资源管理由供水管理向需水管理转变，以及最严格水资源管理制度的有效实施，对促进我国水资源现代化管理具有较大的理论和现实意义。

第三节　国内外相关研究综述

一　流域水资源配置的研究

1. 水权概念研究进展

一个社会中的稀缺资源的供给是指将权利在资源的使用中进行分配，其实就是产权应该如何界定和交换，以及在什么样的条件下的问题[11,12]。产权给予个人自由处置资源的权利，为竞争性市场提供了一种基础。1960 年，Coase 在《社会成本问题》一文中认为，古典经济学中的交易是稀缺的，市场的运行涉及寻求交易人、交易人谈判、履行合同等一系列成本，这些成本的存在使对稀缺资源不同的权利界定将会产生不同的资源配置效率[13,14]。由此可见，产权制度对资源配置具有根本性作用，是影响资源配置的决定性因素。

水权制度对水资源供给效率来讲同样重要，要研究水权制度，首先需要了解水权的概念。目前关于水权概念的研究存在多种理解。美国西部各州，依据州法律法规，规定在州政府水资源所有权下，水权是水资源的使用权，是一种用益权[15]。澳大利亚的《水权的永久交易规定》中认为，水权指水的使用权或交易权[16]。日本水权的法律含义为：为实现特定的目的，排他、垄断性地利用河流流水的权利；该权利是具有物权性质的公权，是河流管理者特许的权利，其支配的客体为河流流水[17]。根据《俄罗斯联邦水法典》，俄罗斯联邦的水权，既不是指水的所有权、使用权及其他权利，也不是指水资源的所有权、使用权及其他权利，更不是指水储存的所有权、使用权及其他权利，而是水体的所有权、使用权和其他权利的总和[18]。我国学术界对水权也有多种解释，总体来讲可以概括为四种。"四权说"认为，水权包括所有权、使用权、经营权及支配权，并认为水资源的所有权是基础，其他权利依附于水资源的所有权[19]。"三权说"认为，水权指的是所有权、经营权、使用权。"二权说"认为，水权指水资源的所有权和使用权[20]。"一权说"认为，单位或个人在法律上虽然不能拥有水资源的所有权，但在一定条件下可以拥有法律上的使用权以及经营权，对这部分水资源进行开发利用，因此，水权更多的是指水资源的使用权[21]。目前在我国普遍采用的是"二权说"，即所有权和使用权。根据我国《水法》规定，水资源属于国家所有，农业集体经济组织所有的水塘、水库中的水，属于集体所有[22]；个人或单位依据国家取水许可制度及水资源有偿使用规定，从水行政主管部门获得使用权。因此，在我国，水资源配置的对象主要指的是对水资源的使用权。

2. 水资源供给制度研究进展

在水资源比较丰富时期，水资源的供给能够满足人们生产、生活的需要，人们对水资源的开发利用不存在约束和限制。随着自然环境的变化、社会经济的发展、人们生活水平的提高，水资源供需矛盾逐渐加深，水资源冲突现象越来越多，人们开始采用各种方法来解决水资源冲突，试图寻找出有效的水资源供给机制。水资源稀缺使水资源具有了消费竞争性，水资源的流动性决定了水资源的非排他性，这两种性质使水资源成为一种典型的公共池塘资源。依据前面的分析，水资源供给过程中广泛存在"搭便车"现象，每个用水主体都希望用更多的水获取更多的效益，同时却只愿意承担最少的取水成本、水污染治理成本等支出，最终往往导致水资源供给的低效和陷入集体行动的困境。

水资源供给制度的核心是水权制度。水权制度是以水权为中心，用来约束、鼓励、规范人们水权行为的一系列制度。简单来说，就是允许人们对水资源能干什么以及不能干什么的所有规则的集合[23]。研究如何对水资源进行供给，走出集体行动的困境，也就是研究应该形成怎样的水权制度的问题。伴随水资源的日益紧缺，世界各国政界、学术界对水权制度进行了不断的实践和探索。

各个国家不同地区从自身的社会制度、社会习俗、自然条件和经济社会发展水平出发，依据各国对水权的定义，实施不同的水权制度，对水权分配进行明晰。美国早期采用的是殖民时期的河岸权（Riparian doctrine），规定河岸土地拥有人拥有水权，但水权不得转让[24]；19 世纪，美国西部干旱地区开始推行优先占用权（Prior appropriation doctrine），拥有优先权的用水户可以向优先权低于自己的用水户出售水权，但是对 5 年及其以上没有使用的水权进行没收；美国加州采用的是包括河岸权和优先占用权的混合式水权。澳大利亚早期实施的是河岸权，20 世纪初期，澳大利亚联邦政府对依附于土地的水权独立出来，明确水资源归州政府所有，行政机关对水资源进行调控并实施公共水权（Public rights）[25]。智利等一些国家认为，水是公共使用的国家资源，根据平等分配原则，所有用水主体拥有同等的水权，这些水权都必须在公共登记处注册；按照用水体积来划分永久的消费性水权，当永久性水权不能满足所有水权拥有者时，将按比例进行分配可用水资源[26]。日本《河川法》规定江河水归国家所有，将水权分为"惯例水权"和"许可水权"，将优先占用原则和惯例水权原则相结合，以适用不同的实际情况。

尽管各个国家实施了不同的水权制度，但是随着水资源短缺对水资源供给效率的要求越来越高，这些国家在明晰水权的基础上不约而同地允许水权流转[27-33]。美国西部建立了水银行交易体系，将每年来水量分为若干份，以股份制对水权进行管理。美国加州实行从东部、北部丰水区向西部、南部缺水区有偿调水的分水方案。澳大利亚从 20 世纪 80 年代起开始实行水权拍卖，目前，州政府不再审批发放新的水权，水权交易是新水权获得的唯一途径，形成了比较完善的水交易市场[34]。智利鼓励水市场的使用，并且成立了水总董事会，负责水市场的运行。日本虽然不允许水权的销售，但是允许水权先返还给管理者，由管理者将其授予申请水权的用水户[35]。

在我国，水权作为法律文本上的一种制度，古已有之。春秋战国诸侯盟约"毋雍泉"、秦《田律》规定"春二月，毋敢雍堤水"；西汉"定水令，以广灌溉"等均是以法律形式对农业灌溉用水进行限制[36]，但这些只是规定了用水主体之间的权益关系，并未明晰水资源的权属问题，实质上只是对用水行为的一种协调。中华人民共和国成立以后，我国在较长一段时间内采用的是计划经济体制，对一切资源的配置都是指令性、计划性的。水资源的配置同样采用的是行政配置，其实质是公共水权制度。雷玉桃指出，公共水权制度通过立法的形式对水权进行确定，将其归属、权利、义务等要素进行具体的界定，没有将水资源所有权与使用权进行分离，造成了各级政府以及各种利益主体的经济关系界定不清，权责不明，无法有效规避"搭便车"等机会主义行为，导致了我国水资源的低效利用和配置[37]。改革开放以来，我国水权经历了由区域内行政配置、流域内行政配置到流域、区域管理相结合的管理模式，但无一例外地都采用了行政配置方式。以黄河流域为例，1978—1986 年，流域内

部分行政区加强了区域水资源配置的制度安排；1987—1997 年，
《黄河可供水量分配方案》的实施，标志着黄河流域各省区之间的
配水工作逐步开展起来；1998 年至今，依据 2002 年修订的《水
法》，流域与区域管理相结合的体制在黄河流域得到实施。胡鞍钢
等认为，行政配置模式下，水价远远低于水资源的社会成本，可能
造成对水资源的过度使用，引起不同人群以及代际用水的不公
平[38]；国家或流域管理机构无法有效实施对用水主体实际引水量的
监督及对超额引水行为的惩罚，计划分水方案并不能很好地得到落
实；行政配置依靠的主要是行政手段和领导集权决策，用水户处于
被动接受的地位，既没有参与的权利，也没有利益表达渠道，对提
高用水效率、节约用水缺乏积极性。行政配置的不足导致了水资源
配置体制的失效。

　　近年来，我国经济持续高速增长，社会经济生活的用水量迅速
并大幅度增加，水资源供需矛盾日趋严重，水资源短缺问题成为经
济社会发展的"瓶颈"。在这种情况下，一些学者开始对水权转让、
水市场进行探索研究，取得了许多成果。

　　（1）明晰的水权初始分配是水权交易的前提。采用市场机制对
水资源进行配置，客观上要求对用水主体拥有的水权首先进行明
确，然后才能按照市场的交易规则来进行水资源配置。

　　（2）市场机制能有效提高水资源的配置和使用效率。市场通过
动态变化的水价，反映水资源的供需信息，一定程度上避免了行政
配置的不合理性，从而避免了"体制失效"的问题。同时，提高水
资源利用效率把节余下来的水资源通过市场交易转化为用水者的收
益，形成了对用水主体的节水激励。

　　（3）水市场是一种准市场。水资源的取用依靠水利设施，对于
水电、供水一类水利设施的竞争性很强，且具有独占性，呈现出私
人物品的特征，通过水市场配置最有效率；对于防洪、河道治理、
水环境保护一类的水利设施，具有非竞争性和非独占性，呈现出公
共物品的特征，无法通过市场进行配置，只能依靠政府来提供。

尽管行政配置存在许多局限，但是水权的初始配置必须由政府来实行。一方面，根据《水法》：水资源属于国家所有，政府通过公共权力取得了对水资源所有权的控制。水资源所有权是水资源使用权交易的起点，政府在获得对水资源所有权控制力的同时，必须承担起将水资源公平配置给公民的义务，保证水资源作为基础性资源配置的公平性、安全性。另一方面，随着水权和水权制度研究的不断深化，政府在水权管理制度中的作用越来越重要，必须在政府的监管下运行水市场。由于在地区、行业之间存在较大的经济差异，完全竞争性市场无法形成公平的市场交易，而要做到公平交易，需要借助政府的力量。例如，世界银行倡导在缺水地区建立水权交易市场以提高水资源配置效率，并强调控制交易成本的重要性；同时认为，根据科斯的企业理论，需要建立相应的组织，政府参与的转折交易应成为水权交易的主要途径[39]。唐润等对水权市场交易价格的拍卖机制进行了研究，指出政府从提高整个水市场配置效率的角度需要对水权拍卖保留价格进行一定程度的规制[40]。

3. 水资源配置研究进展

国外学者以水资源系统分析为手段、水资源合理配置为目的开展了各类研究工作。20 世纪 40 年代，Masse 从水库调度优化的视角，借助系统科学方法，对水资源配置进行研究。20 世纪 50 年代以来，由于系统分析理论、优化技术及计算机技术的发展，水资源系统模拟技术及规划方法得到了迅速发展和广泛应用[41]。例如，1953 年，美国陆军工程师兵团使用模拟技术对密苏里河流域水库调度进行模拟，研究水库的调度问题。1960 年，Colorado 的几所大学对计划需水量的估算及满足未来需水量的途径进行研讨[42]；Maass 等在 1962 年采用了模拟技术对流域水资源系统进行设计[43]。20 世纪 70 年代至 90 年代，水资源配置模型主要集中在水量的控制上，水资源配置的目标主要考虑经济社会效益。[44-46]在这个时期，水资源线性决策规则被提出，使用数学方法对水资源系统建模、求解的研究迅速增加。例如，美国学者 Norman J. Dudley 使用随机动态规划对农作物的生长进行描述，并在此基础上对作物的季节性用水进行了配置[47]。Buras 和 Nathan 讨论了水资源配置领域中蒙特卡罗、综合水文学等模拟技术应用，并指出水资源配置应该是一个既包含水量又涵盖水质管理的系统方法[48]。Y. Y. Haimes 等应用代理价值权衡法解决水资源系统管理中多目标问题[49]。P. W. Herbertson 基于对潮汐海湾电站的各主体的冲突的分析，使用模拟技术对其水量进行了配置[50]。Willis 使用优化方法对地表水、水库、地下水的联合管理进行了研究。20 世纪 90 年代以来，智能型、多目标和集成式多种决策支持系统、模拟优化的模型技术如遗传算法、粒子群算法等得到应用，水资源配置模型逐步完善。H. S. Wong 和 Percia 等开始从更为系统的角度研究水资源，将地表水、地下水、外调水等综合研究，并开始考虑水资源保护问题，如污水的处理、地下水的保护等[51]。Carlos 和 Gideon Oron 以经济效益最大为目标，建立了以色列南部 Eilat 地区的污水、地表水、地下水等多种水源的管理模型，综合考虑了不同用水部门对水质的不同要求。Biju George 等建立了水资源规划和管理的集成模型框架，该模型由网络分配模型和社会成本收益模型构成，能够使政策制定者从物理和经济两个维度考虑水分配，并在后续研究中探讨了配置方案的评估问题[52,53]。

我国水资源配置模型的研究起步较晚，但是发展很快。20 世纪 60 年代，水资源配置研究主要聚焦于水库的优化调度问题，先后经历了以常规方法调度为主的经验寻优调度阶段和以运筹学为基础的水库群优化调度阶段。在"七五"攻关项目中，水资源配置初步得到研究和应用。"八五"期间，黄河流域水资源的合理配置及调度为我国其他流域水资源管理和配置提供了借鉴；"华北地区宏观经济水资源规划理论和方法"专题对水资源优化配置各要素进行了创新，开始在流域水资源配置中关注区域的经济因素，推动了流域水资源配置的研究进展。随着水资源利用矛盾的日趋尖锐，联合运用规划和管理等方面的研究取得了较大进展。翁文斌等从宏观经济的角度对区域水资源规划进行了系统性分析，建立了区域水资源多目标规划系统[54]。贺北方等运用自由化模拟技术，求解两库多目标优化调度问题，并通过模拟比较，得到了两库优化调度运行规则及模拟结果，为两库最优控制运用提供依据[55]。唐德善使用大系统递阶动态规划方法，考虑河道内水库等水利工程的具体情况，对河道内不同层次的子区及部门用水进行了配置，所提算法能有效克服多维动态规划可能遇到的"维数障碍"[56]。近年来，随着可持续发展理念的提出，许多学者在水资源优化配置模型方面又提出了一些新的理论和方法。"九五"期间，对西北地区的水资源合理开发以及生态环境的保护进行了研究，建立了西北内陆干旱区流域水资源二元演化模式，提出了水资源合理配置的理论方法、基本模式和水资源承载能力计算方法，将水资源配置的范畴拓展到"经济子系统—水资源子系统—生态子系统"，对生态环境用水进行计算，将生态环境用水纳入配置对象中[57]。谢彤芳等认为，水资源配置问题不仅对于水资源短缺地区十分重要，对于水资源丰富地区同等重要，从宏观角度对水资源配置进行了阐述，提出了水资源的"三生"配置[58]。王顺久等对多种水资源优化配置理论进行分析对比，认为理想的水资源配置模型应该是"时间与空间的有机耦合"[59]。王浩等对黄淮海水资源进行了合理配置，提出了以区域现状供水能力、水资源承载力、外调水为基础的水资源供需"三次平衡"的配置思想[60]。"十五"期间，在黑河流域水资源配置中提出了流域水资源调配层次化结构，将管理与配置的各环节进行耦合，形成了面向水资源多个属性的配置思想。刘成良等使用多目标规划方法对邯郸水资源进行了优化配置，综合考虑区域用水多水源、多用途、不同供水区域的特点，建立多目标规划模型。模型在需水约束和供水能力约束下以缺水程度反映社会效益，供水的直接效益反映经济效益，污染排放物的化学需氧量反映环境效益，从一定程度上减少了优化的不确定性[61]。韩海燕等则以工业用水效益系数为基础，采用生产函数理论分析用水量与效益的关系，确定生活、生态及农业用水效益系数，对荣县水资源进行了多目标配置[62]。朱启林等对我国水资源多目标决策应用研究进行了简述，指出多目标决策选取的目标应具有良好的代表性，要有利于反映实际问题，有利于量化计算求解[63]。

4. 流域水资源主体策略互动研究

1931 年 H. A. Smith[64] 所写的《国际河流的经济用途》是首部综合研究水资源法律以及水资源冲突问题的著作，该著作提出了上下游应平等共享水资源的理念，但没有给出管理所有水冲突的通用指南。随后，流域水资源冲突管理得到普遍重视，国际上跨流域国家以及相关国际组织对其展开了广泛的研究和实践[65,66]。20 世纪 70 年代，Buras[48] 出版了《水资源科学分配》专著，系统探讨了用线性规划与动态规划等数学分析模型来解决水资源配置中的冲突问题。随后，许多学者分别用二次规划、模拟计算、动态规划等方法建立了水量优化分配模型。20 世纪 80 年代以后，在大系统分解协调方法应用于流域水资源分配的基础上，开展了博弈论在解决水资源冲突方面的应用研究[67]。通常情况下，冲突解决方案只有在所有相关主体认为该方案是公平的情况下才有效[68]。这就需要对冲突过程中多主体的策略互动进行研究。以博弈论、对策论为基础的研究方法可以看作是多主体策略互动研究的代表。1944 年 Von Neumann 和 Oskar Morgenstern 的《博弈论和经济行为》[69] 提出了许多经典的博弈论方法，包括范式博弈、扩展式博弈以及特征函数形式的抽象式博弈，标志着博弈论的研究取得了巨大成功，被认为是冲突分析中重要的研究理论。Rogers[70] 最早采用博弈方法研究印度和东巴基斯坦的跨国界流域的洪水控制和用水冲突问题。Tisdell[71] 和 Bielsa[72] 等采用博弈模型对用水冲突主体的非合作与合作行为进行博弈。Fernandez[73] 建立了非合作和合作博弈模型，检验了贸易自由化对美国与墨西哥跨界水污染冲突的影响。

但是，这些传统博弈方法需要使用者列出所有可能状态的基数偏好次序，存在一定的应用困难，并且对于实际冲突问题显得过于简化。1971 年，N. Howard[74] 突破传统博弈论的研究框架，提出了一种能够灵活反映冲突各相关元素的符号表示方法，即亚对策分析技术（Meta - game analysis）。随后，又在亚对策分析的基础上，提出了软对策理论（Drama theory）[75,76]。但是，由于亚对策分析的前提是假定每个冲突主体对冲突中的所有参与人的偏好程度都了解，在实际应用中受到很大的限制。20 世纪 70 年代末 80 年代初，加拿大滑铁卢大学的 Fraser 和 Hipel[77 - 79]在亚对策理论的基础上，提出了新的冲突分析方法，即 F - H 方法。F - H 冲突分析只需要使用者列出每一个冲突主体对所有策略的相对偏好，根据相对偏好信息可以确定每个冲突主体策略改变的单方移动，进而可以分析冲突的可能结果的均衡性，最终寻求对冲突各方都较为平衡的策略，其具有较强的实际可操作性。由于水资源冲突往往涉及多个主体，每个主体追求的目标各不相同，是典型的多人多目标决策问题，F - H 分析方法在水资源领域很快得到了广泛应用。Getirana 使用该方法对里约热内卢 Conqueiros 渠道上、中、下游农户的用水冲突进行了研究[80]。曾勇使用 F - H 方法对官厅水库跨界水污染冲突进行了分析，为区域决策者提供了决策建议[81]。刘永宏将冲突分析方法应用到石头河水库的水权分析中，对该水库涉及的多方用水主体进行了策略优选，并基于分析结果，研究了水权转让管理中存在的问题[82]。逄立辉等对位于吉林省和辽宁省边界的条子河污染冲突进行了研究，分析了冲突参与人可能的策略选择，以及在冲突演化过程中冲突参与人的偏好排序，在此基础上，对冲突演化的可能结果进行了预测，得出了冲突主体在个体理性的基础上达成集体理性的共识是冲突的最优均衡解[83]。赵薇等用 F - H 方法对湖北省宜昌市黄柏河流域宜昌市水电局、东风渠灌区管理局、黄柏河流域管理局的水资源冲突问题进行了局势分析[84]。

随着对冲突分析方法的不断研究，其理论得到进一步的深化和发展，Fang 等[85 - 87]提出了图模型的冲突分析方法（Graph Model for Conflict Resolution，GMCR）。与亚对策分析及软对策理论相比，图模型方法更具有进步性。主要表现在三个方面：一是图模型方法能够处理冲突中冲突主体的选择是否可逆的现象。例如，在研究水环境污染问题时，一旦水体污染，将不能恢复。二是图模型对冲突中人们的不同行为进行了定义，能够得到每个冲突主体的均衡状态。三是图模型可以被用于联盟分析[88]。Fang 等基于图模型的基本理论，开发出了决策支持系统 GMCR Ⅱ。该系统包括模型子系统、分析引擎、输出子系统[86,87,89]。Bashar 等对图模型冲突分析中的偏好信息进行了扩展，将原有图模型中的确定性偏好信息扩展为不确定性的偏好信息，即模糊偏好信息，并在模糊偏好信息的情况下，将原有图模型的稳定性定义扩展为四种模糊稳定性定义，形成模糊稳定均衡解[90,91]。Hipel 同样对模糊偏好在多人决策中的应用进行了探讨[92]。Bristow 等在层次分析法（Analytic Hierarchy Process，AHP）、标准满意度、相对权重、优化等方法基础上，研究了如何使用序数效用对冲突中的各主体的价值系统相联系，并将结果在具有 8 个参与者的冲突分析中进行了应用。与传统的基数效用相比，序数效用更具有可行性、简便性、计算简单性[93,94]。目前，图模型冲突分析方法已在水资源管理领域得到了应用。Hipel 等使用图模型分析方法及其决策支持系统 GMCR Ⅱ，对水环境冲突管理进行了研究[95]。Gopalakrishnan 等在对夏威夷水法发展历史进行总结的基础上，对夏威夷欧胡岛的水资源配置中城市发展、农业用水、环境用水之间的冲突进行了模拟研究，认为冲突最终演化为 3 种均衡局势，为当地水资源管理者提供了决策支持[96]。Nandalal 等对中亚咸海流域内锡尔河和阿姆河周边哈萨克斯坦等五个国家之间的水资源冲突进行了分析，使用冲突分析决策工具 GMCR Ⅱ，对这些国家在冲突中的互动行为进行了探究，有助于各个国家深入了解冲突的演化过程，从而做出共赢的策略选择[97]。Shawei He 等对中国南水北调工程中的多方决策者进行了冲突分析，分析指出中央政府在计划中通过采用不同的战略可以控制整个工程向预期的方向发展[98,99]。笔者同样使用图模型分析方法对南水北调上游丹江口的冲突问题进行了分析，指出政府所采取的战略措施忽略了工程对当地环境的影响，通过调整政府的偏好信息，冲突最终得到均衡，同时达到经济效益和环境可持续性兼顾，为管理者提供了决策支持[100]。Hipel 对位于中东幼发拉底河流域的水资源冲突进行分析，探求引发土耳其、伊拉克、叙利亚之间 1975 年、1990 年、1998 年水资源冲突的原因，为以后处理类似冲突提供决策支持[101]。

分析国内外已有的水资源配置研究成果，可以看出：

①随着人—水关系的不断变化、水资源配置理论技术及实践的发展，水资源配置的指导思想发生了变化。在早期，人—水关系不紧张时，水资源配置采用的是以需定供为主的供水管理，强调征服自然和改造自然，侧重从工程和技术方面建立水资源配置模型；随着人—水关系的紧张，需水管理逐渐得到重视，人与自然的和谐相处成为水资源配置的目标，水资源配置内容的重心也倾向于兼顾政策、制度等因素建立水资源配置模型。

②水资源配置的水资源范围逐渐扩大，由早期的地表水配置为主，发展到地表水、地下水联合配置；从单一的水量配置发展到水质、水量联合优化配置。

③水资源配置的目标逐渐由单目标发展为多目标，由早期单一的供水效益最大化发展到对流域水资源管理目标的多维属性进行识别，尤其是加大了对生态、环境水资源需求的重视程度，追求以沟通、协调为特征的经济、社会和生态整体效益最优。

④水资源配置采用的方法由早期的单一数学规划模型包括线性规划[102]、非线性规划[102]、动态规划[103-106]、二次规划[107]、多目标规划[68-70]等，发展为数学规划、模拟技术、博弈论等多种方法相互结合。

⑤图模型方法能够有效将现实冲突问题的元素抽象概化为冲突主体和各主体的策略，并在各主体相对偏好信息的基础上，通过有向图的形式将整个动态变化的冲突过程表示出来。通过各主体策略的可改进策略互动，能够迅速得到对于各主体相对稳定的均衡状态，并且能够提供冲突由初始状态到均衡状态的演化路径，从而为

冲突管理者提供有效的决策支持。

二 准公共物品供给的研究

1. 准公共物品的概念

根据萨缪尔森[108]、布坎南[109]、巴泽尔[110]、E. Ostrom[111]对公共物品的研究，公共物品是同时具有消费非竞争性（Nonrivalrous Consumption）和受益非排他性（Nonexcludablity）的物品。消费的非竞争性指的是对物品额外的消费不会影响其他消费者的消费水平；受益的非排他性指的是物品的受益要排除他人存在困难。依据这两种特征的不同情况，公共物品又可细分为纯公共物品、准公共物品（Quasi - Public Good）。纯公共物品在消费上具有非竞争性，同时具有受益非排他性，不能通过一定的技术进行排他性使用，如国防、法律等；与纯公共物品对应的另一个极端是纯私人物品，这类物品同时具有消费的竞争性和受益的排他性。在现实生活中，纯粹的公共物品和纯粹的私人物品并不是普遍存在的，更为常见的是介于私人物品和纯公共物品之间、具有有限的非竞争性或有限的非排他性的公共物品，称为准公共物品。准公共物品具体分为两类：一类是具有消费非竞争性、受益排他性的准公共物品，如俱乐部物品（Club Goods）、收费物品（Toll Goods）等，这类物品由于必须通过付费才能消费，具有明显的排他性；另一类是具有消费竞争性、受益非排他性的准公共物品，又称为公共池塘资源（Common - Pool Resources, CPRs），如矿产、渔场、水资源、森林、牧区等。图 1.3 依据消费排他性、受益竞争性的程度对公共物品的分类进行了描述。

2. 准公共物品的供给

公共物品消费的非竞争性意味着，对某一物品消费（者）的增加并不需要增加任何生产成本，即边际生产成本为零；对某一物品消费（者）的增加都不会对其他人的消费产生影响，即边际拥挤成本为零，不会发生消费的拥挤现象。公共物品消费的非排他性意味着该物品的消费是共同的，建立对他人消费的排除是经济无效的。纯公共物品的这两种性质意味着无论个人对该物品付出的成本多

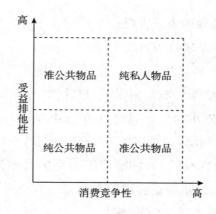

图 1.3 公共物品的分类

少，都能消费同样数量的物品，从而刺激人们倾向于不付费或者付出较小的成本对该物品进行消费，导致"搭便车"现象的产生。

以俱乐部物品为代表的准公共物品，这类物品的消费通常看起来是面向整个社会的，但是其受益群体比较固定，消费局限于一个有限的群体内，单个群体成员对物品的消费并不会减少其他群体成员对该物品的消费；俱乐部物品对于群体外的消费者是可以有效建立排他性的，通常表现为通过收取会费或使用费实现排他，从而避免"搭便车"现象的发生。对于俱乐部物品来说，群体成员之间并不存在竞争性，但是当群体成员的数量达到一定程度，新成员的加入将会使俱乐部物品的边际收益出现递减。因此，对于俱乐部物品供给来说，最大的问题是确定消费该类物品的群体的规模。

对公共池塘资源一类的准公共物品来讲，非排他性导致了资源消费过程中普遍存在"搭便车"现象，因此，该类物品依靠以追求利益最大化的私人提供是不现实的，唯一的途径是由国家或政府提供。但资源的有效性使使用者对资源的消费存在竞争行为。随着资源消费的增加，容易产生消费的"拥挤效应"现象，且仅仅依靠"利维坦"的方式进行供给，无法规避资源使用者"搭便车"、逃避责任等行为。随着一些资源类的准公共产品供需矛盾的加剧，如何对公共池塘资源进行有效供给成为研究的重点。

由于公共池塘资源的所有权多属于国家政府，而具体的使用者涉及多个利益主体，在公共池塘资源的供给过程中，个人的理性导致集体的非理性现象广泛存在。正如 E. Ostrom 所言，人们共同使用整个资源系统，但对资源单位分别享用，理性的个人对资源单位的过多占用可能导致资源系统的退化。如何超越集体行动的困境，实现公共池塘资源的有效供给，成为众多学者研究探讨的重点。其中，颇具影响力的模型包括 Hardin 的"公地悲剧"和"囚徒困境"、Olson 的"集体行动的逻辑"以及 E. Ostrom 的自组织理论。

Hardin 在 Science 上提出了"公地悲剧"模型[112]。他以牧场理论为例来论述有限的资源因不受约束的过度使用而枯竭。公地作为一种资源，存在许多消费者，这些消费者都拥有对公地的使用权，但没有阻止他人消费的权利，进而造成资源枯竭，所有边界无法清晰界定的资源都可能产生悲剧。"公地悲剧"的原因在于公共财产的私人利用方式，每个消费者都企图增加自己对资源的消费，而资源耗损的代价却由所有消费者承担，正如古希腊的亚里士多德所言，由最多人数所享用的事物，却得到最少的照顾[113]。

"公地悲剧"通常用另一模型"囚徒困境"博弈来表示。在博弈中，每个博弈方从个体理性出发，选择对自身最有利的个人策略，最终的结局并不是帕累托最优，而是个体理性的策略导致了集体的非理性。

Olson 的"集体行动的逻辑"[114]对传统群体理论所认为的"只要存在一种与群体有关的利益，就足以激发个人自愿地为促进他们的共同利益而行动"提出了挑战，他基于理性经济人假设对集体行动进行研究，认为人们未必愿意为了集体的共同利益而努力，个人理性并不必然产生集体理性，正如他所言，"除非一个群体中人数相当少，或者存在着强制手段，理性的、寻求自身利益的个人将不会为实现他们共同的或群体的利益而采取行动"，因此，只有通过外力对集体成员提供选择性激励，包括经济激励或社会激励，才能促进集体成员间的合作。

"公地悲剧""囚徒困境""集体行动的逻辑"的中心问题都是"搭便车"问题。在任何时候，如果一个人无须付出任何成本就可以从他人的经济活动中受益，那么这个人将没有潜在的动力为共同的利益做出努力，而只会选择做一个"搭便车"者。从这些模型所隐喻的现实问题出发，许多研究者认为"利维坦"是解决公共池塘资源供给中"搭便车"问题的唯一方案。如 Ophuls 所言，"由于存在着公地悲剧，环境问题无法通过合作解决……所以具有较大强制性权力的政府的合理性，是得到普遍认可的"[115]。从这一点出发，Carruthers 和 Stoner 对发展中国家水资源管理中存在的问题进行了分析，提出：如果经济效率是来自于对公共资源的开发，那么就有必要对公共资源实行公共控制[116]。但是"利维坦"或者说国家控制，所实现的最优均衡是以一定的假设为前提的。它假设对资源进行配置的中央机构对资源消费者拥有完全信息，中央机构具有较强的监督能力以及零监督成本，且中央机构的惩罚可信性较高。

另一些研究者认为，私有化是解决公共池塘资源供给中"搭便车"问题的唯一方案，凡是资源属于公共所有的地方都需要强制实施私有产权制度[117]。Welch 认为，公地的私有化对所有公共池塘资源问题来说，都是最优的解决办法[118]。研究表明，采用私有化对电力、运输等行业进行资源配置十分有效，但是对于那些具有流动性的公共池塘资源，如水资源、渔场等，无法实现对某些潜在受益人的排除，私有化在事实上是不可能的，即使其产权得到了清晰的界定，也往往无法得到执行。

从上述分析可以看出，无论是中央集权还是私有化，或者说无论是集权式的政府规制还是私有化的市场都不是进行公共池塘资源供给的有效方案，均某种程度上存在"政府失灵""市场失灵"的现象。正如 E. Ostrom[119] 所言，极少有纯粹的私有制度和纯粹的公有制度，或者说极少有纯粹的市场资源配置或国家资源配置，更多的是同时具有私有、公有两种特征的制度的混合。无论是中央集权的倡导者还是私有化的倡导者，或者是同时具有两种制度的倡导者，都把公共池塘资源的供给必须来自外部并强加给受它影响的个人作为理论信条，认为消费者对资源进行独立消费，彼此之间不存在沟通，忽视了资源消费者本身对资源供给效率的影响，缺少内部的治理机制和规则。事实上，在现实世界里，人们在相互接触中经常沟通，不断了解，建立了信任，形成了共同的准则，从而为维护共同的利益组织起来，采取集体行动，达到对资源的自主治理。自主组织在世界各地大量存在着，如瑞士的托拜尔、日本的平野庄、菲律宾的桑赫拉等。在这些地方，一些资源消费者自愿组织起来，以保持自己努力所形成的剩余。E. Ostrom[120] 在对这些案例分析的基础上，认为一群相互依赖的消费者能够以一定的方式将自己组织起来，通过自主治理，减少所存在的"搭便车"行为、其他机会主义行为，维持长久的共赢。她对影响资源消费者个人选择的内部变量进行了分析，总结了形成自主组织的消费者需要解决的三类问题（制度供给、可信承诺和相互监督），归纳了实现自主治理的八项具体原则。但是，自主治理理论也具有一定的局限性。一是该理论的适用对象为小范围的公共池塘资源，对于较大范围的公共池塘资源，理论的应用效果有待求证。二是理论的前提是人类具有自治能力，但事实上，这种能力受到群体规模变化等多种因素的限制。三是人们理性的有限性有可能带来对公共池塘资源的错误估计，导致集体利益的损失。

如何走出集体行动的困境，实现准公共物品的更好供给？现实生活中，并不是所有公共池塘资源的供给都陷入了悲剧，许多成功的公共池塘资源的供给制度打破了僵化的分类方式，同时具有公有特征、私有特征以及自主治理等多种特征，不但组合了各模式的优点，而且有效地避免了各模式的缺点，这或许是研究该类问题的一个不错的选择。

三 政策网络的研究

政策网络是从网络的视角进行政策研究，是对政策过程中主体的关系进行分析的方法。政策网络起源于 20 世纪 50—60 年代的美国，发展于英国，90 年代流行于欧洲大陆。西方有关政策网络的研究主要分为三大主流学派，即美国学派、英国学派、欧洲学派。以 A. McFarland 和 Benson 等为代表的美国学者对政策网络理论的研究主要是从政策次系统和次政府（Sub - government）的角度出发，关注微观层面上各种政策主体之间的人际互动关系，经历了从"铁三角"[121]、"次政府"到"议题网络"再到"政策网络"的主题转换[122]。他们对政策过程的研究从关注国家主体进而拓展至同一层次的"铁三角"关系，再延伸到以兴趣和责任为纽带的"议题网络"，最后扩大到不同层级多元主体联盟，不断推动了政策网络理论研究的深化和发展。

英国学派主要有两种观点，一种延续了美国学派的理论观点，另一种以 Rhodes 为代表，认为政策网络是一种利益协调的中介结构，他们从中观层次研究网络成员之间资源交换的结构关系，认为网络是一种特殊的协调合作方式，制度结构之间的关系是政策网络最关键的构成，公共政策是通过不同部门或团体之间的互动而形成的[123]。

欧洲学派以荷兰与德国为代表，认为政策网络是一种治理机制，他们从宏观层次出发，重视制度的治理层面对政策的影响，认为政策网络是与市场、科层制不同的第三种公共治理模式。如 Kickert 认为政策网络指的是在公共政策制定过程中相互依赖、相互影响的参与人（组织）的关系形态。Kenis 和 Schneider 认为，政策网络包括行为人、链接及边界。其中，行为人是政策过程中的相关参与者，链接是行为人协商合作的渠道，边界是基于共识的互相依赖和结构嵌套的结果。这种模式从本质上来讲，是一种动员机制，它将社会各主体的资源（执行能力等）动员起来。从这个意义上讲，欧洲大陆学者倾向于对政府的角色进行重视，他们认为政府的角色发生了变化，不再是传统的统治者，而成为网络的主要行为者，扮演协调、整合网络中多元主体的利益冲突及协商的角色。

　　在西方研究成果的基础上，我国学者对政策网络也进行了研究。朱亚鹏分析了有关政策网络的学术争议，对政策网络理论的起源及发展进行了梳理，在此基础上对政策网络在政策研究中应用进行了探讨，并结合我国实际国情，探讨了该理论在国内研究的适用性[124,125]。李玫从库恩的科学发现方法论观点入手，剖析了西方政策网络理论价值，论证其作为政策科学的一种候选范式的资格条件以及这一范式的适宜性。研究表明，政策网络是政策科学中一种合适的候选范式[126]。侯云对政策网络的定义特征、产生背景、理论来源以及主要内容进行了归纳和总结，认为政策网络有两个适用条件：一是复杂的政策过程，二是多元参与的主体。同时结合各方对政策网络理论的评价，归纳出政策网络四个方面的局限，他认为，在进行政策网络研究时，必须结合我国政治体制及决策机制的实际，发展而不是盲目套搬政策网络理论[127]。范世炜对西方政策网络理论中三种不同的研究路径（基于资源依赖的政策网络、基于共同价值的政策网络和基于共享话语的政策网络）进行了分析和比较，进一步界定了政策网络的理论模型和因果机制，为政策网络更好地应用于解决中国的公共政策问题提供了一定的理论指导[128]。任勇分别对政策网络的"利益中介"和"治理"两类不同的分析途径进行了研究[129]。蔡英辉对我国政策网络的兼容性问题进行了研究，指出政策网络兼容性是基于整体性治理视野，动态地统合网络结构与行为过程，解析多个政策叠加后产生负面效果的成因，分析行政主体行为、完善治理网络，建构跨地域、跨部门、多层级的各级政府及行政部门、社团对话平台，形成行为理性、彼此尊重、平等协商、达成共识、共谋发展的多元政策兼容网络[130]。朱致敬从公共政策分析和公共治理两个维度，研究了政策网络面向实践层面的相关理论问题，推动了政策网络理论向具体应用领域的延伸[131]。唐云锋认为，政策网络理论应以当前社会结构网络化为背景，着重培育政策网络节点，解决网络政策主体问题，同时对政策网络在我国社会结构与政治体制等实情下的适用性做了初步探讨[132]。

卞菲认为传统的垂直政策执行模式对其过程的动态性和结果的偏差进行有效描述，因此，从中观视角出发，将政策网络理论应用于政策执行的研究中，构建了政策执行的一般性分析框架，对我国省级政府对中央政策的执行进行描述和解释，并以吉林省政府对中央保障性住房政策的执行进行了实例研究[133]。Annika Kramer 和 Claudia Pahl - Wostl 提出了一个分析框架，对水资源综合管理规范扩展以及支持规范扩展的政策网络结构进行评估；对在水资源综合管理概念发展中的全球政策网络进行了探索性分析，具体包括网络中主要的行为者、网络中的关系及网络输出[134]。朱春奎对怒江水电开发规划过程进行了政策网络分析。静态层面上，探讨了行动者的成员、资源与关系类型；动态层面上，分析了行动者的立场、策略以及彼此间的互动关系[135]。

20 世纪 90 年代以来，政策网络的研究重心向公共治理领域倾斜。政策网络理论研究与治理理论研究结合，形成了政策网络治理流派，成为公共治理的一种新框架、新模式和新途径。孙柏瑛对政策网络的工具、结构等进行了分析，认为政策网络是一种有效的治理机制，并指出网络主体的参与、交流、信任以及对网络主体的动员是提高网络治理效率的关键因素[136]。姚敦隽研究了政策网络理论与治理理论的结合，认为政策网络治理可以作为一种新的治理模式，并对政策网络发展历史中存在的三种模式进行了范例研究，最后对这种模式进行了评估[137]。罗晓媚对科层治理与网络治理进行了比较，分析了我国区域公共治理向网络化治理发展的趋势，进一步从原则、要素、运行机制等几个方面对公共问题网络治理模式进行了构建[138]。

在对流域水资源的研究中，赵丹桂对我国农村水资源存在的问题及原因进行分析，对农村水资源网络治理的可行性进行分析，并进一步对其进行了构建，对网络中政府的责任进行了定位，对其他网络主体的激励从水资源的本身属性、社会意识和激励措施三方面，提出了激励其他主体积极参与的建议[139]。易志斌对网络理论在流域水污染治理领域应用的动力来源及应用可行性进行了分析，指出这种模式的前提条件是主体间的互动；在此基础上提出了跨界水污染治理机制，包括信任、协调、维护三个方面[140]。刘振坤、郑长旭分别对黄河流域水污染、太湖流域水污染进行了网络治理研究，对黄河以及太湖流域污染的治理提供了决策支持，在太湖流域污染的研究中重点研究了政府与非政府组织的合作问题[141,142]。锁利铭、马捷和 Bin Che 从网络结构角度对水资源治理进行了分析，并研究了网络自身的结构特征，如密度、点度中心度对农户用水协会和水价听证会中利益相关者合作的影响[143]。此外，他们以"9 + 2"合作区为例，对跨界政策网络对区域合作的影响进行了分析，包括网络结构的分析和网络下的合作关系，并对网络绩效进行了研究[144]；在对"9 + 2"合作区研究的基础上，依据有无代理人以及代理人是否网络内部成员对网络治理模式进行了分类，并将研究成果应用于我国区域共享水资源冲突治理[145]；依据水资源多维属性，对跨界水资源冲突网络治理进行了层次划分[146]；在对网络层次划分的基础上，对公众参与下的水资源网络治理框架进行了分析，并提出了政策建议[147]。

四　研究述评

（1）水资源冲突、水资源短缺问题从表面上看是由于水资源供给不能满足水资源需求所引起的，但关键的原因在于水资源供给制度短缺。根据流域水资源配置研究综述，已有的研究多从技术的角度（包括优化技术和工程技术）对水资源进行优化研究。这种以政府为主体的单主体决策的水资源配置较少考虑水资源配置涉及各主体的互动性。随着水资源管理复杂程度越来越高，需要进行水资源管理及配置理论进行创新。

（2）水资源是一种公共池塘资源。根据准公共产品的供给研究综述，无论是集权式的政府规制还是私有化的市场，它们均认为公共池塘资源的供给必须来自外部并强加给受它影响的个人作为理论信条，认为消费者对资源进行独立消费，彼此之间不存在沟通，忽视了资源消费者本身对资源供给效率的影响，缺少内部的治理机制和规则，不能提供有效的水资源制度供给，某种程度上均存在"政府失灵""市场失灵"的现象。而考虑资源消费者对资源供给效率，存在内部治理机制和规则的自主治理，也存在作用范围较小的局限。因此，水资源的供给制度需要考虑一种同时具有公有特征、私有特征，以及自主治理等多种特征治理模式。

（3）政策网络作为一种新的治理模式，能够兼顾资源配置中各主体纵向上的层级关系以及横向上的协商合作关系，是一种有效的资源治理模式。目前，研究学者已经将政策网络理论应用于水资源治理问题研究中。但是，这些研究大多仅集中在宏观层面，对网络结构和体制机制分别进行研究；对微观层面的研究也仅仅局限在配置技术层面，较少关注在流域水资源治理指导下、用水主体关系结构约束下流域水资源配置是如何进行的；没有将流域水资源治理、相关主体互动形成的关系结构、水资源配置作为一个整体来研究。流域水资源主体策略互动研究综述表明，图模型方法能够有效将流域水资源中中观层次的相关主体的互动表示出来，但是该方法与流域水资源管理宏观思想的指导以及微观层次的技术实现相分离，并不能从根本上形成有效的各主体利益诉求渠道。

因此，本书将政策网络理论引入流域水资源管理中，提出流域水资源政策网络理论，在传统政策网络理论内涵的基础上，对流域水资源政策网络的内涵进行扩展，借助图模型分析流域水资源政策网络的动态演化，研究将宏观政策网络治理、中观网络结构、微观网络主体作为整体的流域水资源政策网络的内涵是什么、其结构是怎样的、具有哪些特征？这种流域水资源政策网络是如何动态演化的？这种流域水资源政策网络下的帕累托优化配置是怎么进行的？

第四节　研究内容与研究框架

一　研究内容

本书从流域水资源治理理论分析出发，探讨符合我国国情、水情的流域水资源配置如何实现。全书共分为六章，主要研究内容如下。

第一章，介绍了研究背景，明确了研究的重要意义；然后对相关文献研究成果进行了详细综述；确定了研究的方法和技术路线；最后，对全书主要的研究内容和创新点进行了简要的介绍。

第二章，分析了基于政策网络的流域水资源帕累托优化配置理论，为本书以后的章节研究奠定了基础。首先，分析了流域水资源政策网络的相关概念；其次，对基于政策网络的流域水资源帕累托优化配置机理进行了阐释；最后，结合流域水资源配置的历史进程，分别探究了考虑公平的、考虑公平及效率的流域水资源配置的帕累托改进路径。

第三章，对考虑公平的流域水资源帕累托优化配置进行了研究。首先，分析了考虑公平的流域水资源配置特点及其优化结构。其次，分别构建了区域间及区域内水资源优化配置模型；最后，结合算例进行了模型的求解。

第四章，对考虑公平及效率的流域水资源帕累托优化配置进行了研究。首先，分析了考虑公平及效率的流域水资源配置特点及其优化结构。其次，分别构建了区域间及区域内水资源优化配置模型。在对各主体满意度协商以及流域水资源满意配置研究的基础上，考虑市场配置的作用，引入主体间水量交易的协商方式，通过两种方式交互影响实现考虑公平及效率的流域水资源帕累托优化配置。最后，结合算例进行了模型的求解。

第五章，以清漳河为例，进行了案例研究。首先，介绍了清漳河流域的概况；其次，对清漳河流域水资源帕累托优化配置进行了建模、求解及分析，提出了相应的对策建议。

第六章，总结全书，指出本书存在的不足之处，并对今后的进一步研究进行了展望。

二 研究方法

本书的研究内容涉及经济学、管理学、系统科学和水利科学等学科领域，具有综合、交叉、复合性的特点，综合运用多目标决策理论、动态规划理论、制度经济学、管理经济学、公共管理等理论，采用理论研究与实证研究相结合的研究方法。

1. 理论研究

在对国内外水资源配置理论、准公共产品和政策网络理论进行综述的基础上，构建流域水资源政策网络，对其内涵进行分析，并研究了政策理论指导下，流域水资源帕累托优化配置的机理及路径，为我国实行最严格的水资源管理提供决策支持。

2. 模型研究

在理论研究的基础上探讨政策网络指导下考虑公平的、考虑公平及效率的流域水资源帕累托优化配置。通过用水主体满意度协商，提供用水主体参与水资源配置决策的渠道，构建了包括区域间配置模型和区域内配置模型，实现考虑公平的流域水资源帕累托优化配置；通过用水主体满意度协商与水量交易交互影响的方式，构建考虑公平及效率的流域水资源帕累托优化配置模型，既实现了流域水资源配置的公平性，同时又提高了流域水资源的配置效率。

3. 实例验证

以清漳河流域为例进行理论和方法验证，对模型进行理论和方法验证，力求使理论与实践紧密结合，更好地为实践服务。

三 技术路线

本书的技术路线如图 1.4 所示。

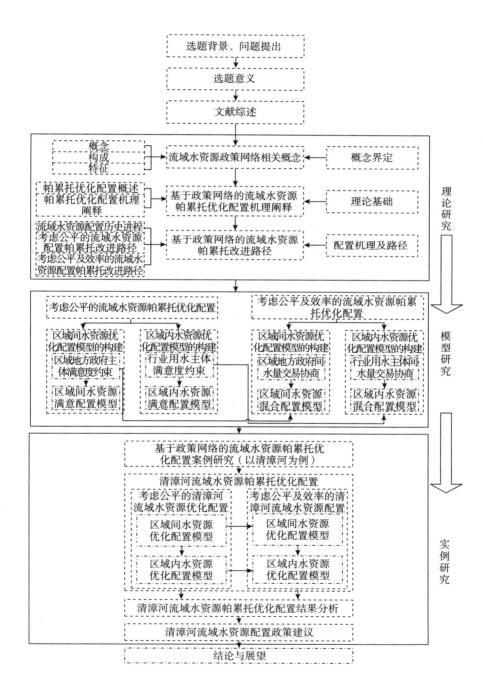

图 1.4　技术路线

第二章　基于政策网络的流域水资源帕累托优化配置理论基础

　　随着我国经济社会的发展与人口增长，水资源短缺问题越来越严重，人—水、人—人关系也越来越紧张。流域水资源短缺从根本上来讲是水资源制度的短缺，解决水资源短缺的当务之急是对水资源管理思想及制度进行创新。本章将政策网络理论引入流域水资源管理中，对流域水资源政策网络相关概念进行了分析，在此基础上，阐释了基于政策网络的流域水资源帕累托优化配置的机理，对考虑公平的、考虑公平及效率的流域水资源帕累托优化配置路径进行了研究。

第一节　流域水资源政策网络相关概念

一　流域水资源政策网络的概念

1. 政策网络的概念

　　"网络"一词，《辞海》中泛指网样的东西或网状系统，由节点和连线构成，表示诸多对象及对象之间的相互联系。在现实世界中，"网络"随处可见，社会各个领域中日益复杂、动态、变化的各种关系形态形成了各种网络，如社交网络、计算机网络、销售网络等。对于政策网络，学者们从不同的角度提出了各自的观点，总的来讲，主要包括以下几个方面：

　　第一，从关系的角度理解政策网络。政策网络是各个主体围绕公共政策过程而形成的各种关系模式，如 Katzenstein 所言，政策网络是公私行动者之间的一种关系模式。这种关系模式在某种程度上是稳定的，同时也会发生变化[148]。依据 Benson 的观点，政策网络是一群复杂的组织因资源依赖而结盟、因资源依赖结构中断而相互区别的关系模式。Rhodes 在 Benson 观点的基础上，根据主体与资源的分配关系，从网络结构角度对政策网络进行了分类[149]。

第二，从政策的角度理解政策网络。传统的公共政策过程主要是在"阶段论"研究范式的指导下，将政策过程分为若干顺序执行的阶段，以科层制作为载体，分别对各个阶段进行优化来最终实现公共政策的最优。这种研究思路忽视了各个阶段中各个主体之间的关系结构对政策过程的影响。随着公共政策研究的不断深入，政策网络逐渐被用来描述政策过程中各主体之间反复出现的相互关系，表现为不同的网络结构，如次政府、铁三角、议题网络等。因此，政策网络作为对政策过程发展为一种公共政策分析的新模式。

第三，从公共管理的角度理解政策网络。随着现代社会日益复杂、动态、多元化，政府角色逐渐减弱，必须依靠其层级控制以外的其他社会主体的协作来实施治理，公共管理方式发生变迁，政策网络成为一种新的公共治理模式。它可以调动政策过程中相关主体的各种资源，如经济、知识、信息等，从本质上来讲，"政策网络是在政策决策、方案规划及执行能力分散于广泛的私营与公共主体背景下的一种政策动员的机制"[150]。

综合以上观点，本书认为"政策网络是一种治理机制"，是一种广泛动员网络范围内所有主体的资源、能力达成政策目标的治理模式。这种模式将微观层面主体及其主体间的关系，中观层面主体间形成的网络结构以及宏观层面特定政策制度的指导有机地结合为一体，是一种独立于科层制治理模式、市场治理模式的第三种公共治理模式。

2. 流域水资源政策网络的概念

资源具有狭义和广义之分。狭义的资源指的是自然资源；广义的资源指的是经济资源或生产要素。在任何社会中，人的欲望决定了其需求是无止境的，而用来满足人类需求的资源是有限的，因此，资源表现出相对的稀缺性。资源的稀缺性决定了需要通过一定的方式将资源分配到不同的领域中，资源配置（Resource Allocation）应运而生，它指的是对稀缺的资源在各种用途上的分配进行决策。随着气候的变化以及人类经济社会的发展，水资源供需之间的差距越来越大，水资源的稀缺性尤其显著。我国水资源以流域为单位分布，因此，流域水资源配置的合理与否，对流域以及流域内各区域地方政府主体的经济发展、各行业用水主体的利益有着极其重要的影响。有关流域水资源配置的内涵，学者多从微观层次上进行研究，普遍认为，在流域范围内，遵循一定的原则，借助各种工程、非工程措施，按照市场规律及资源配置准则，通过抑制需求、保障有效供给等措施，对各种可利用水资源在流域内区域地方政府间及各用水部门间进行配置[151]。对流域水资源配置内涵的确定主要是建立在软技术（运筹知识等）和硬技术（水利工程等）基础上的。随着社会经济的发展以及自然环境的变化，这种微观层次的技术实现逐渐不能满足水资源配置复杂性的要求。

流域水资源配置具有显著的复杂性。复杂性是什么？一般而言，人们对复杂性概念的理解存在两种观点，即一般意义的复杂性和系统科学的复杂性。一般意义的复杂性与"简单"相对应，属于认识论范畴，指的是事物未被认知或问题未被解决，一旦了解事物或将问题解决，复杂就转化为简单。系统科学的复杂性，按照钱学森的观点[152]，是开放的复杂巨系统，具有多样性、多层次性、非线性、动态演化性、不稳定性、自组织性等特征。流域水资源配置的客观基础是在"社会—资源—生态"复杂巨系统发展中，相互依存、相互制约的宏观经济系统、水资源系统和环境生态系统以及它们之间的各种关系。从复杂性科学角度分析流域水资源配置的复杂性，表现为：①多样性。水资源本身具有的自然和社会属性使其在水资源中呈现出不同的价值，如环境价值、经济价值、社会价值等。②多层次性。流域水资源的跨区域性决定了流域水资源配置既包括流域层次的配置，也包括区域层次的以及区域内部的配置等，各个层次之间相互关联、相互制约，形成一个由上到下、由点到面的多层次空间网络系统。③动态性。水资源系统本身就是一个动态的循环系统，在不断地发生变化，随着气候环境以及经济社会的发展，这种变化更为显著，流域水资源配置必须动态地调整才能适应这种变化。④主体的多元性。流域水资源配置涉及不同层次、不同角色的主体，这些主体表现为供水、用水、水质保护等不同行为，个人理性的存在决定了主体行为决策目标与流域水资源配置集体理性目标冲突不可避免，从而使主体行为决策的一致性管理变得十分复杂。

流域水资源配置的复杂性使流域水资源配置的有效进行必须结合次级系统的能力与资源，这就决定了有效的流域水资源配置政策是多个主体反复博弈协商的集体行为选择。在流域水资源配置决策过程复杂、多元的环境下，配置呈现结构分化和亚系统自主化的鲜明特征，公私部门及其他主体在配置过程中产生了功能上的相互依赖。政府越来越依赖并运用和发挥进行资源交换和水平合作的新型公共治理模式来实现流域水资源的管理。这种新型的治理模式需要能够整合流域水资源配置决策过程的多个层次：首先，流域水资源配置涉的多层次、多元主体由于依赖水资源而产生各种联系，在宏观层面构成了包含一系列主体以及各种关系的网络，从而形成了流域水资源配置的治理结构；其次，水资源的准公共物品属性以及流域水资源配置的复杂性使宏观层面的流域水资源治理在中观层面上呈现出一定的网络结构，主体之间的互动关系被内生到这种结构中，从而提供了一种流域水资源配置相关利益主体之间的协商渠道；最后，借助于中观层面的协商渠道，处于微观层次的各个主体结合自己的实际情况，寻求各自的利益最大化。因此，流域水资源配置的复杂性决定了必须寻求一种能够整合宏观、中观、微观三种视角的理论方法对流域水资源配置进行研究。在这种需求下，本书提出了流域水资源政策网络（见图 2 - 1）。

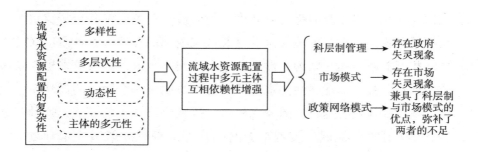

图 2.1　流域水资源政策网络

　　结合前面政策网络内涵的分析，本书认为，流域水资源政策网络是一种治理机制，能够广泛动员网络范围内所有利益相关主体的资源；通过主体之间的关系结构实现中观层次上利益主体之间的互动，提供利益主体的博弈协商渠道；通过对主体之间关系的考虑，形成微观层次上各主体自身效益函数。流域水资源政策网络将宏观层面的治理机制、中观层面主体间形成的关系结构以及微观层面主体及其主体间的关系有机地结合为一体，吸收了科层制治理模式、市场治理模式的优点，弥补了两者的不足。从流域水资源政策网络的主体来看，不仅包括了水利部、流域管理机构、各区域地方政府，同时包括了区域内的部门用水主体，它们都参与到流域水资源配置的决策过程中；从主体之间的关系来看，流域水资源政策网络不仅考虑了传统纵向的科层制关系，而且考虑了同一层次之间的水平关系，进而提供了用水主体之间的协商渠道；从治理的有效性来看，流域水资源政策网络中主体的互动可以促进集体行动的成功，不容易陷入个体理性导致集体非理性的困境。

　　二　流域水资源政策网络的构成及结构

　　从物理结构上看，流域水资源配置系统呈现出网络的特点，由节点、链接构成，并呈现出特定的结构特征，其中，节点指的是水资源配置领域的相关主体，不仅仅限于政府，包括相关的团体及个人；链接指的是主体间协商合作的渠道，表现为主体之间各种各样的关系；结构是基于共识的互相依赖和结构嵌套的结果，是所有节点及链接的整体架构。

1. 行为者（节点，Node）

流域水资源配置涉及多个主体，这些主体构成了流域水资源政策网络中的主要行为者。具体来讲有流域管理机构、流域内各区域地方政府、区域内各地方政府、各行业用水主体、个人等。行为者之间的互动关系构筑成网络结构。这些行为者在网络范围内进行与水资源相关行为决策，其决策受水资源配置政策的约束，同时行为者之间的互动反过来影响水资源配置政策的演化。

行为者在流域水资源配置过程中对策略的选择不仅取决于自身的认知能力，同时受其他行为者的策略影响。行为者作为有限理性的行为人，一般以利益最大化为决策原则，可以说，流域水资源政策网络是流域内各种行为者之间交互资源、博弈协商的过程，通过这个过程，行为者对于水资源管理配置方案达成共识，从而实现流域水资源的配置目标。

2. 行为者之间的关系（链接或线段，Line）

在流域水资源政策网络中，线段表示其连接的两个行为者之间存在某种关系。关系代表着行为的具体内容带来的相互影响，可以理解为水资源流通的管道。各个行为者作为有限理性的个体，在不同目标的导向下，做出各种各样的行为决策，同时，这些行为决策对水资源政策网络的影响成为其他行为者的间接决策因素，从而形成各种关系，如流域管理机构与区域地方政府之间以及区域地方政府之间的府际关系、政府与行业用水主体之间的关系、行业用水主体之间的关系等。从内容的角度看，这些不同类型的关系可以概括为权力关系、利益关系、行政关系等，它们将各级政府及用水主体链接成网络，对流域水资源配置产生深刻的影响。

府际关系指的是政府间的关系，包含纵向的各级政府间的关系和横向的同级政府间的关系。在流域水资源政策网络中，府际关系主要指的是流域管理机构与区域地方政府的关系以及区域地方政府之间的关系。流域管理机构作为水利部的派出机构，负责对流域内的水资源进行配置。流域管理机构综合考虑流域内各区域的经济、文化、环境等因素，在对各因素进行平衡的基础上进行水量分配，追求流域综合效益的最大化。流域内各区域地方政府执行流域管理机构的分配方案。然而，各区域地方政府对水资源的开发利用是基于本区域的自身的经济社会及环境状况，追求的目标是个体效益的最大化。个体利益和流域集体利益的偏差使区域地方政府对分配方案的执行偏离流域管理机构的本意。如流域管理机构对流域内的水资源利用效率进行一定的约束，区域地方政府受节水成本等压力会对区域内的低用水效率企业进行暗中保护等。

各区域地方政府之间的府际关系表现为竞争和合作。地方政府围绕水资源展开的水事活动目标主要是促进所辖范围的经济社会发展，具体来讲包括防洪减灾；辖区内水资源的配置、开发及利用，为城镇乡村生活提供水源保障，为工业、农业、服务业等提供水资源条件，为生态环境提供水资源保障。河流的序贯性特点使流域内地方政府的水事活动存在外部性，例如，我国漳河流域的蓄水工程大多位于上游山西省境内，考虑到自身经济发展对水资源需求的增长，山西省会考虑增加本省的取水，这一行为对下游省份的用水产生了影响。下游在漳河径流减少的情况下，对水资源的需求更为迫切，从而对上游加大取水的行为产生不满，漳河流域内地方政府之间就可能产生冲突和矛盾。水事活动的外部性带来了地方政府之间的相互博弈。由于历史原因及自然的影响，流域内不同区域地方政府之间的经济、社会、环境存在较大的差异，这种差异性加大了区域地方政府间的利益博弈程度，严重影响到流域机构水资源配置的效果。

区域地方政府与行业用水主体之间的关系主要表现为区域地方政府对行业用水主体进行水资源配置，监督行业用水主体的水事活动等。区域地方政府主体以区域的综合社会经济效益最大化为出发点进行水资源配置，并负责对行业用水主体冲突的协调。行业用水主体向区域地方政府上报需水信息，在区域水资源配置水量的基础上开展经济活动。

工业、农业、环境等行业用水主体之间的关系表现为竞争与合作。例如，在我国，农业用水远远高于工业用水，但农业用水效率却远远低于工业用水效率。在农业和工业主体没有合作的情况下，农业主体为了保障作物生产，希望有足够的水资源进行灌溉；工业主体为了增加生产收益，也希望获取更多的水资源。农业与工业用水主体之间形成了竞争关系。如果工业主体能够以一定的价值转移对农业主体进行补偿，农业主体将考虑调整自己的种植结构、灌溉方式等提高用水效率，两者之间将形成一定的合作关系。

3. 网络结构

（1）流域水资源政策网络的整体结构

网络结构是流域水资源政策网络运行的核心之一。网络结构指的是行为者之间具体的关系模式，是行为者之间关系的具体化，包括链接的节点：行为者的数量、类型、层次等；链接的属性：关系的强度，即行为者互动的频率、互惠的程度等。网络结构形成了对网络行为者行为决策的约束。在流域水资源政策网络结构中，行为者相互依赖，具有较多"资源"（信息、权力等）的行为者处于网络结构的中心地位，具有较少"资源"的行为者逐渐向网络边缘分布，呈现出多层次性。流域水资源政策网络中的主体有流域管理机构、区域地方政府、市级政府、行业用水主体、用水个体户等，不同的主体间呈现出层次性的特点，这决定了网络具有一定的层次性。如图 2.2 所示，流域管理机构 G_0 位于第一层，位于第二层的 G_1、G_2、G_3 分别为流域内的区域地方政府，第三层为区域地方政府内的市级政府，第四层为市级政府内的行业用水主体。从图 2.2 中可以看出，行为者离政策网络中心的位置越近，所处的层次越高。节点之间的各种各样具体的关系是行为者之间博弈、协商合作以及交互资源来实现各自利益最大化的渠道。

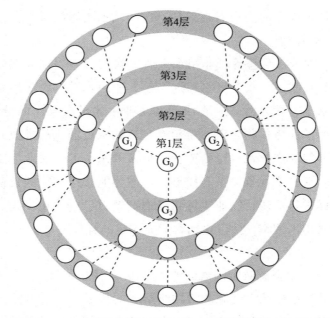

○ 行为者　------ 不同层级行为者的联系　▬▬ 同一层级行为者的联系

图 2.2　流域水资源配置中行为者之间的关系

（2）流域水资源配置行为者关系的基本结构——结构元

结构元指的是流域水资源配置中行为者之间形成的关系结构的单位结构。由图 2.2 可以看出，流域水资源配置行为者各种关系的整体结构是由多个结构元构成。如图 2.3 所示，结构元涉及两个层级的行为者，其中较高层级的行为者为水资源主要管理者，下一层与其有联系的行为者参与水资源管理并执行水资源政策。较高层级行为者通过相关水资源政策对次低层级行为者的行为决策进行引导，并通过提供低层次行为者参与水资源决策的途径；低层次行为者相互之间协商合作将各自分配到的水资源效用最大化，图 2.4 更为清晰地表达了结构元的节点与关系。

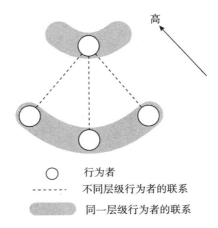

图 2.3　流域水资源配置行为者关系的结构元（1）

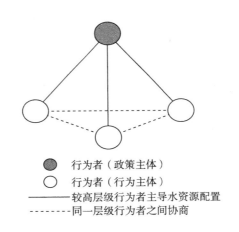

图 2.4　流域水资源配置行为者关系的结构元（2）

　　在流域水资源配置中，结构元类型主要分为两种：区域间配置、区域内配置。其中，区域间配置指的是以流域管理机构、流域内各区域地方政府为顶点，以各政府机构间关系为边，依赖于水资源进行区域间水资源配置的过程；区域内配置指的是以区域地方政府、区域内各行业用水主体为顶点，以区域政府及行业用水主体互相关系为边，依赖于水资源进行区域间水资源配置的过程。从结构上看，两种结构元之间都含有行为者区域地方政府，其在区域间配置中是行为主体（或者称为行为政府），是水资源配置政策的执行者；在区域内配置中是政策政府，是区域间水资源的管理者，负责该区域内的水资源管理。

三　流域水资源政策网络的特征

1. 流域水资源政策网络是一种以资源依赖为纽带的政策网络

根据资源依赖理论（Resource Dependence Theory，RDT），流域水资源政策网络形成的基础是行为者之间的资源依赖。在这种视角下，行为者之间不再是稳定的科层关系，而呈现出为实现共赢而进行的合作关系，即任何一个行为者要实现个体利益的最大化都不仅依赖于自己所持有的水资源量，同时也依赖于网络中其他行为者的水资源量。因资源依赖产生的相互依赖关系，导致了行为者之间复杂的互动与协商过程。因此，流域水资源配置政策的形成过程就是行为者在水资源政策网络的框架下就水资源开发、利用进行的相互博弈的过程，水资源配置方案的形成是不同行为者之间博弈与合作的结果。

2. 流域水资源政策网络具有复杂性特点

流域水资源系统本身由多个子系统组成，各个子系统之间相互关联和制约，使水资源配置本身具有较高的复杂性。同时，水资源作为一种具有多属性的资源，使对于网络中不同的行为者而言，表征出不同的价值。流域水资源配置这一活动客观的复杂性在某种程度上增添了流域水资源政策网络的复杂性：网络中的行为者由供水、用水、保护水质等不同的角色主体构成，进而不可避免地带来行为者对水资源需求的冲突。

3. 流域水资源政策网络的形成、发展、变化受水资源管理制度的制约

流域水资源政策网络内的行为者因为相互博弈而形成各种规则，这些规则反过来影响和约束行为者的行为决策，如此反复迭代，行为者之间形成了一定的水资源分配方式，这种分配方式在行为者的

新一轮的博弈中持续变化。在流域水资源政策网络中，不同行为者对水资源的政策的共识不是通过一次性协商得出的，而是经过持续的协商过程形成的。

4. 流域水资源政策网络是一个多层多阶段过程

政策网络中同层次行为者相互协商的前提是明晰的各行为者所拥有的水量，这就需要流域管理机构对网络内的行为者进行水资源的初始分配，使从区域地方政府到最终的用水个体能够拥有的水资源得到界定。行为者对水资源配置方案的认可是方案得到有效实施的保障，因此，流域水资源的初始分配必然是一个所有政策网络主体反复协商的过程，这个阶段的协商主要强调分配的公平性，其目的是使最终形成的分配方案对于网络中所有行为者而言是满意的、认可的，主要发生在高层次行为者对次低层次行为者的配置过程中。但是，流域初始分配水量与行为者的用水需求存在差异性，那么对于缺水者来讲，问题是如何获得更多的水资源，这就需要行为者在初始水量分配的基础上，进行下一阶段的协商，这个阶段的协商强调水资源开发的效率性，缺水的行为者通过支付一定的金额来获得所需的水资源，卖水的行为者节约用水并通过将多余的水资源卖出获取经济收益，主要发生在位于同一层次的行为者之间。综上，流域水资源政策网络是一个多层多阶段的过程。

第二节　基于政策网络的流域水资源帕累托优化配置的机理阐释

一　流域水资源帕累托优化配置概述

基于政策网络的流域水资源配置帕累托最优是资源配置的一种理想状态，指的是在不使任何人境况变坏的情况下，不可能再使某些人的处境变好的一种资源有效分配状态，所有用水主体都对水资源配置结果满意，它对资源配置的公平性及效率性同时做出了要求，首先所有主体都不愿意偏离这种均衡状态，保证了配置的公平性；同时，资源配置在公平性保证的基础上对效率也提出了要求。流域水资源帕累托改进是实现流域水资源帕累托最优的途径，在不损害其他主体利益的情况下增加部分主体的效用即是帕累托改进。本书使用埃奇沃思框图对基于政策网络的流域水资源配置的帕累托最优进行分析（见图2.5）。假定流域中的水资源量一定且只有两个用水主体 A 和 B，每个主体增加水资源取用时，需要对另一主体支付相应的价值进行平衡。在图2.5中，横轴 AO_A 和 OB_B 表示 A 和 B 取用水资源的数量，A_i 和 B_i 分别是 A、B 的无差异曲线。在图中，H_0 为 A 和 B 的两条无差异曲线 A_2 和 B_1 的交点。在 H_0 处，沿着 B_1 向上移动，则主体 B 的效用不变，而主体 A 的效用得到增加，说明 H_0 不是最优状态；如果沿着 A_2 向上移动，则主体 A 的效用不变，而主体 B 的效用得到增加，同样说明 H_0 不是最优状态。通过一定的配置机制使配置结果从 H_0 出发，沿着 B_1 移动至 H_1 时为最优，沿着 A_2 移动至 H_2 时为最优，图2.5中 AB 称为契约线，上面的所有点均为流域水资源配置的均衡状态，没有一个主体愿意偏离这种状态，流域的水资源配置达到了帕累托最优。

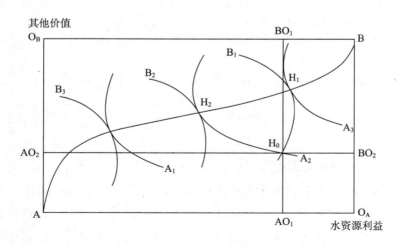

图 2.5 埃奇沃思（Edge worth）框图

图 2.5 中，契约线 AB 上的点对应于特定时间、特定环境下流域水资源配置的帕累托最优状态，随着时间的变化，流域水资源配置的环境发生改变，原先流域水资源配置帕累托均衡被打破，通过帕累托改进向新的帕累托最优状态演化。那么在实际中，基于政策网络的流域水资源帕累托优化配置机理及路径成为需要研究的问题。

下面在对流域水资源配置动态描述的基础上，对流域水资源帕累托优化配置的机理进行阐释。在本章第三节，将对流域水资源配置的帕累托改进路径进一步研究。

二　流域水资源帕累托优化配置机理阐释

(一) 流域水资源配置过程的动态描述

冲突在人类社会中广泛存在[153]。冲突往往涉及多个主体，在流域水资源配置中也广泛存在。在水资源短缺的情况下，不同的网络行为人——工业、农业、环境保护者等从各自的利益出发考虑，对水资源取用的时间及数量、水资源开发的程度等存在较大的差异，因各种差异引起的矛盾普遍存在[154]，并常常演化为水资源冲突，给社会经济发展带来了损失。但事实上，网络行为人之间的利益并不是完全对立的，往往存在共同利益空间，通过对行为人之间的冲突进行有效的分析，能够找到尽可能使各主体都满意的解决方案。

冲突分析是在经典对策论 (Game Theory) 和偏对策理论 (Metagame Theory) 基础上发展起来的一种对冲突行为进行正规分析的决策分析方法。1971 年加拿大滑铁卢大学的 N. Howard 提出的亚对策 (Metagame) 分析技术，突破了传统的对策论研究框架并提出了一种反映冲突主要元素的灵活的符号表示方法。但亚对策分析中，假定每个冲突参与人对所有参与人的结局喜好程度都相互了解，这在实际中是极难做到的。博弈论是一种有效的分析冲突主体互动的方法，因此，许多学者使用博弈论对水资源冲突进行了分析，试图通过研究行为者的行为决策以及冲突的演化趋势，寻求能够使冲突中各主体都满意的冲突解决方法。20 世纪 80 年代，M. Fraser 和 W. Hipel 提出了冲突分析策略，它要求每位局中人根据自身的实力、立场和要求排列出自己的优先向量。决策者的每个成果的单方面的改进必须被标出。然后，必须对每项成果作静态分析，由此便可获得整体的平衡，最后便可决定冲突各方最为安全的策略。Hipel 教授对博弈论方法进行了分类总结[155,156]（见图 2.6），并在超对策分析[74]的基础上，提出了图模型冲突分析方法[86,87,157]，其带领的水资源冲突团队研究人员对图模型方法进行了不断完善，并开发出基于图模型的决策分析软件 GMCR II。

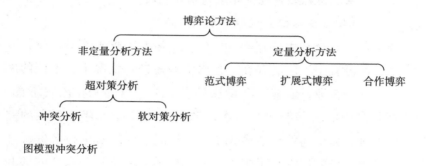

图 2.6　博弈论分类

冲突分析其主要特点是能最大限度地利用信息，通过对许多难以定量描述的现实问题的逻辑分析，进行冲突事态的结果预测和过程分析，帮助决策者科学周密地思考问题。它是分析多人决策和解决多人竞争问题的有效工具之一。国外已在社会、政治、军事、经济等不同领域的纠纷谈判、水力资源管理、环境工程、运输工程等方面得到了应用，我国也已在社会经济、企业经营和组织管理等领域开始应用。

使用图模型方法可以对流域水资源配置行为人的行为决策进行抽象，在此基础上，以图的形式将行为者之间的策略互动简单清晰地表示出来。因此，使用图模型对行为者之间的策略互动是一种有效的方法。Fang 提出了图模型在冲突分析中应用的一般流程，建立模型主要包含五个步骤：

（1）确定流域水资源行为者集合 L，$L = \{1, 2, \cdots, |L|\}$，$|L|$ 表示冲突中行为者的个数。每一个行为者都是一个决策者，拥有自己独立的决策权。

（2）确定行为者的策略集。在网络中，每个行为者都拥有自己独立的决策权，拥有各自的决策空间，可以对不同的策略进行选择。通过对现实中的冲突进行抽象，可以得到每个行为者的策略集。

（3）确定可行状态集合 S，$S = \{S_1, S_2, \cdots, S_{|s|}\}$，$|S|$ 表示某一冲突所有可行状态的个数。集合中的每个元素都是冲突行为者的策略组合，代表了流域水资源配置的所有可能状态。

（4）确定所有可行状态移动的图 G，$G = \{G_l = (S, ARC_l)$，$l \in L\}$，ARC_l 表示局中人 l 从某一状态移动到另一状态的有向弧，G_1 表示行为者 l 从状态 $s(s \in S)$ 出发所能移动到其他状态的有向弧集合。图 G 清晰地表示了流域水资源行为者之间的各种关系。

（5）确定相对偏好集 P，$P = \{P_l(S)$，$l \in L\}$，$P_l(S)$ 表示行为者 l 在集合 S 上的偏好关系，$P_l(s_1) > P_l(s_2)$ 表示对行为者 l 来讲，对状态 s_1 的偏好程度高于对状态 s_2 的偏好。

（二）流域水资源配置过程的图模型

在流域水资源配置中，各行为者在目标、认知、拥有资源等多方面的异质性决定了行为人之间的冲突普遍存在，同时各行为者为了个人利益最大化，相互之间彼此依赖形成的协商合作也同样存在。图模型方法能够有效地对行为者之间的策略选择互动进行研究，并寻找出流域水资源配置的均衡演化方向。流域水资源配置中形成的基本结构有区域间和区域内两种，它们具有相似的网络结构，从而具有相同的演化方向。因此，本节以区域间水资源配置为例，对流域水资源配置的动态变化进行研究。

1. 区域间水资源配置行为者确定

在某流域内，有三个地方政府 G_1、G_2、G_3，其中 G_1 位于该流域的上游，区域内水资源较为丰富，且流域内的水库大多位于该区域；G_2、G_3 分别位于下游的左右岸，区域内蓄水设施较少（如图 2.7 所示）。受气候变化、经济发展影响，该流域的年平均径流迅速下降，每年的夏季，G_1、G_2、G_3 三地区为争夺水资源发生冲突，为解决水资源冲突问题，流域管理机构 G_0 负责对三个区域进行管理。

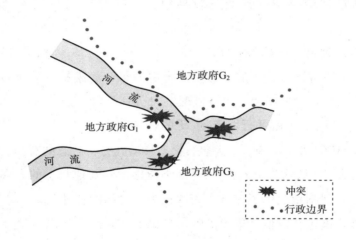

图 2.7   区域间水资源配置行为者

2. 区域间水资源配置过程的动态描述——图模型

此处对网络行为者的策略抽象是基于社会中存在的各种主体行为。目前，我国社会大部分地区的水资源配置主要是行政配置，在部分地区，存在水量交易行为。本书使用图模型对水资源配置过程的描述，建立在对所有行为者的策略抽象的基础上。图模型的构建如下。

（1）网络行为者及策略集

在该流域中，行为者包括地方政府 G_1、G_2、G_3、流域管理机构 G_0，即 $L = \{G_1, G_2, G_3, G_0\}$，每个行为者都具有独立的决策权，其中 G_0 是政策政府，G_1、G_2、G_3 是行为政府。

地方政府 G_1。地方政府 G_1 位于流域的上游,对水资源的使用具有地理上的优势,并且由于流域的蓄水工程主要位于该区域,地方政府 G_1 对整个流域的水量调配起着重要的作用。从地方政府 G_1 本地的经济发展考虑,地方政府 G_1 倾向于将更多的水资源用于本地的经济发展。在没有其他补偿的情况下,地方政府 G_1 不愿意耗费人力、物力、财力对该区域的水利工程进行优化,为下游两地方政府解决水资源短缺问题;但在下游两地方政府合作,以一定的价格向 G_1 买水的情况下,G_1 在权衡利益得失的情况下会考虑向下游调水。在分析中,将地方政府 G_1 的策略集抽象为 |将水资源用于自身发展、向下游调水|。

地方政府 G_2。地方政府 G_2 和 G_3 位于流域下游的两侧,在水资源充足的情况下,两个地方政府遵守现有分水协议;在水资源供给不足的情况下,为了争夺更多的水资源,往往发生冲突。在流域管理机构 G_0 的协调下,如果水资源价格适当,地方政府 G_2 和 G_3 也存在合作的可能,共同以一定的价格向上游地方政府 G_1 买水。在分析中,将地方政府 G_2 的策略集抽象为 |执行现有分水协议、与地方政府 G_3 冲突、与地方政府 G_3 合作|。

地方政府 G_3 与地方政府 G_2 相对应,地方政府 G_3 的策略集可以抽象为 |执行现有分水协议、与地方政府 G_2 冲突、与地方政府 G_2 合作|。

流域管理机构 G_0。流域管理机构 G_0 根据流域水资源分配计划对流域内的水资源在三个地方政府之间进行分配;同时 G_0 也负责对流域内的水资源冲突进行协调管理,对三个地方政府间发生的水资源冲突,引起水利等基础设施破坏的情况进行相应的惩罚。在三个地方政府愿意合作的情况下,流域管理机构 G_0 协调各方利益,修改原有分水协议,形成新的协议促进三个政府间的水资源交易。在分析中,将流域管理机构 G_0 的策略集抽象为 |执行现有协议、形成新协议|。

综上所述,区域间水资源政策网络的行为者和相应的策略可以用表 2.1 表示。

表 2.1   区域间水资源配置的行为者及其策略集

行为者	相应策略	解释说明
地方政府	将水资源用于自身发展	将水资源只用于自身区域的经济发展，不考虑下游的用水需求
	向下游调水	考虑下游的用水需求，向下游调水，但向下游征收一定的水费
地方政府	执行现有分水协议	按照目前的流域分水协议所分配的取水量进行取水
	与地方政府冲突	为了获得更多的水资源，与地方政府发生冲突
	与地方政府合作	采取与地方政府合作的方式，以适当的价格向上游地方政府买水
地方政府	执行现有分水协议	按照目前的流域分水协议所分配的取水量进行取水
	与地方政府冲突	为了获得更多的水资源，与地方政府发生冲突
	与地方政府合作	采取与地方政府合作的方式，以适当的价格向上游地方政府买水
流域管理机构	执行现有协议	执行流域内已有的分水协议
	形成新的协议	促进流域内各地方政府的合作，形成新的分水协议

（2）区域间水资源配置的可行状态

用 Y 表示某一策略被行为者选择，N 表示不被选择，则水资源配置的初始状态——"在流域管理机构 G_0 根据现有分水协议对流域内的水资源进行管理情况下，上游地方政府 G_1 不考虑下游的用水需求，将水资源用于该区域的经济发展；下游地方政府 G_2 和 G_3 根据流域管理机构的分水协议进行取水"，可以表示为（YN YNN YNN YN）。从表 2.1 中可以看出，对于区域间水资源配置的四个行为者来讲，总共有 10 个可选策略，每个策略都可能被行为者选择或者不选择，因此，从数学角度分析，可能出现有 $2^{10} = 1024$ 种状态。但在这 1024 种状态中，有相当一部分状态是不符合实际的，即实际中不可能发生的状态，称为不可行状态。在这里，通过三种方式对不可行状态进行剔除。

①相互排斥策略

相互排斥策略是指行为者不可能同时选择的策略。所有包含相互排斥策略的状态都是不可行状态。在区域间水资源配置过程中，在某一特定的时间，对上游地方政府 G_1 来讲，只能选择将水资源用于该区域的经济发展（策略1）或者向下游调水，并对下游征收一定的水费（策略2），而不能同时选择策略1和策略2，即所有包含策略1和策略2同时发生的状态是不可行状态。用"－"表示某一策略是否被行为者选择不确定，则状态（YY ––– ––– ––）均是不可行状态。

对地方政府 G_2 来讲，在某一特定时间，只能选择策略3、4、5其中的一个，即执行现有分水协议、与地方政府 G_3 发生冲突、与地方政府 G_3 合作中的任意两个策略都不可能同时发生，则状态（–– YY– ––– ––）、（–– Y–Y ––– ––）、（–– –YY ––– ––）、（–– YYY ––– ––）均是不可行状态。

与地方政府 G_2 类似，在某一特定时间，地方政府 G_3 只能选择策略6、7、8其中的一个，任何包含其中两个策略同时发生的状态都是不可行状态，及状态（–– ––– YY– ––）、（–– ––– Y–Y ––）、（–– ––– –YY ––）、（–– ––– YYY ––）均是不可行的。

对流域管理机构 G_0 来讲，在某一特定的时间，执行现有分水协议（策略9）和形成新的分水协议（策略10）同时发生是不符合实际意义的，因此策略9和策略10是相互排斥策略，从而状态（–– ––– ––– YY）是不可行状态。

②至少选择一个策略

在实际中，上下游地方政府以及流域管理机构必须至少从各自的策略集中选择一个策略，因为在水资源冲突的演化中，每一个行为者都不可能"不作为"。因此，以下几类状态均是不可行状态：（NN ––– ––– ––）、（–– NNN ––– ––）、（–– ––– NNN ––）、（–– ––– ––– NN）。

③状态依赖

在实际中，某些状态的发生是以其他一些状态的发生为前提的。例如，流域下游地方政府合作的有效性是以上游地方政府愿意向下游地方政府调水为前提的，也就是说任何包含策略"地方政府选择互相合作从上游买水"的状态依赖于包含策略"地方政府选择向下游调水"的状态，即状态（-- --Y --Y --）依赖于状态（-Y --- --- --）。

通过以上三种方式对不可行状态进行剔除，从数学角度计算的1024 个可能状态中剩余 14 个可行状态（见表2.2）。

表2.2   **区域间水资源配置的可行状态**

行为者	相应的策略	可行状态													
		1	2	3	4	5	6	7	8	9	10	11	12	13	14
地方政府	1. 将水资源用于自身发展	Y	N	Y	N	N	Y	N	Y	N	N	N	N	N	N
	2. 向下游调水	N	Y	N	Y	Y	Y	Y	N	Y	Y	Y	Y	Y	Y
地方政府	3. 执行现有分水协议	Y	Y	N	N	N	Y	Y	N	N	N	N	N	N	N
	4. 与地方政府冲突	N	N	Y	Y	N	N	N	Y	Y	N	Y	N	N	N
	5. 与地方政府合作	N	N	N	N	Y	N	N	N	N	Y	N	Y	Y	Y
地方政府	6. 执行现有分水协议	Y	Y	N	N	N	Y	Y	N	N	N	N	N	N	N
	7. 与地方政府冲突	N	N	Y	Y	Y	N	N	Y	Y	Y	Y	N	N	N
	8. 与地方政府合作	N	N	N	N	N	N	N	N	N	N	N	Y	Y	Y
流域管理机构	9. 执行现有分水协议	Y	Y	Y	Y	Y	Y	Y	Y	Y	Y	Y	Y	Y	N
	10. 形成新的分水协议	N	N	N	N	N	N	N	N	N	N	N	N	N	Y

（3）区域间水资源配置行为者的字典序偏好顺序（Lexicographic Preference Statements）

在区域间水资源配置过程中，每一个行为者对自己及其他行为者策略的选择都有各自的偏好排序。对偏好的排序有基数排序（Cardinal Preference）和序数排序（Ordinal Preference）两种方式。相对于基数排序在定量方面的困难，序数排序只需要冲突中行为者的相对偏好信息。图模型中采用的字典序偏好是建立在序数排序基础上的、从各行为者的角度出发，对所有策略进行的排序。

①上游地方政府 G_1 的字典序偏好排序

对于上游地方政府 G_1 来讲，如果将该区域采用节水技术节约下来的水资源或者是通过优化区域内的蓄水工程调度调配出的水资源有偿调给下游，所获得的补偿不仅可以用于本区域的水利工程的维护，而且可以用于推进该区域节水型社会的建设。因此，G_1 更倾向于下游两个政府相互合作，以一定的价格从其区域买水，最偏向于策略 5 和策略 8 同时被选择。如果 G_1 认为下游两个政府所愿意承担的水价合适，G_1 将会同意向下游调水，即选择策略 2。但是，在实际中，由于有偿调水受到水利工程调度成本、引水控制、节水技术推广成本等多种因素的影响，地方政府 G_1、G_2、G_3 之间有关水资源的交易很难达成，这就需要流域管理机构的协调，即地方政府 G_1 接下来更偏好于流域管理机构 G_0 采取策略 10。如果地方政府 G_1 认为 G_2、G_3 所提供的水价无法抵消自身为调水而产生的各种成本，则其会选择策略 1，把水资源用于自身区域的经济发展，而不考虑下游区域的用水需求。地方政府 G_1 作为 G_2、G_3 的相邻地区，其经济发展的稳定必定受到 G_2 和 G_3 冲突的影响，因此，地方政府 G_1 更偏向于 G_2 和 G_3 能够和平相处，即更偏向于策略 3 或者策略 6 被选择，如果 G_2 和 G_3 为了争夺水资源存在争议，地方政府 G_1 也希望流域管理机构 G_0 能够执行已有的分水策略，选择策略 9，尽量避免 G_2 和 G_3 之间的冲突（策略 4 或者策略 7 被选择）。综上分析，地方政府 G_1 的字典序偏好排序为：（5 and 8）> 2 > 10 > 1 >（3 or 6）> 9 >（-4 or -7），其中"and"表示两个策略同时被选择，"or"表示其中任何一个策略被选择，">"表示其前边的策略偏好程度大于后边策略的偏好程度，正数表示局中人希望该策略发生，负数表示局中人不希望该策略发生。

②下游地方政府 G_2 的字典序偏好排序

地方政府 G_2 希望有足够的水资源满足本区域用水需求，在水资源供给不能满足水资源需求时，如果上游地方政府 G_1 同意向下游调水，既解决了下游缺水问题，又避免了有关用水可能产生的冲突，故 G_2 希望 G_3 能够选择彼此合作从 G_1 买水（决策8if2），这种情况下，G_2 也愿意选择合作行为（决策5if2）。如果与 G_3 的合作存在困难，G_2 希望流域管理机构 G_0 能够从中协调（策略10），促进彼此间的合作。G_2 即使不能够达成合作，G_2 更希望能够与 G_3 和平相处（策略6或策略3），自动执行现有的分水协议，一旦存在取水争议，也希望流域管理机构 G_0 执行现有的相关规定（策略9），尽量避免可能发生的水资源冲突，给该区域及相邻区域带来损失。G_2 最不愿看到的是发生跨界水资源冲突，这不可避免地会给区域的稳定带来负面影响（策略4或策略7）。综上分析，下游地方政府 G_2 的字典序偏好排序为（8if2）>（5if2）>10>6>9>3>（-1）>（-4）>（-7）。

③下游地方政府 G_3 的字典序偏好排序

与地方政府 G_2 的字典序偏好分析类似，下游地方政府 G_3 的字典序偏好排序为（5if2）>（8if2）>10>3>9>6>（-1）>（-7）>（-4）。

④流域管理机构 G_0 的字典序偏好排序

对流域管理机构 G_0 来讲，最理想的情况是地方政府 G_2 和 G_3 能够按照已有的分水协议进行取水（策略3and6），这样有利于流域管理机构 G_0 有更多的资源进行其他相关流域管理活动。当然，这只是一种理想状态，G_2 和 G_3 的和平共处离不开流域管理机构 G_0 依据现有的分水规定对其进行管理（策略9）。在水资源严重短缺，现有分水协议失效的情况下，流域管理机构 G_0 更倾向于 G_2 和 G_3 相互合作，以一定的价格从上游购买水资源满足需求（策略5and8if2），在必要的时候，流域管理机构 G_0 也愿意从中进行协调，促进 G_2 和 G_3 的合作，达成新的分水协议。流域管理机构 G_0 不愿意看到 G_2 和 G_3 以冲突的形式去获取更多的水资源（策略4或策略7）。由于气候变化及经济发展，水资源的供需矛盾越来越严重，因此，下游水资源的供给不可避免地无法满足需求，从上游丰水区域进行调水是不可避免的，故对流域管理机构 G_0 来讲，上游地方政府 G_1 不考虑下游的用水需求，将水资源用于自身发展（策略 1）偏好程度最低。综上分析，流域管理机构 G_0 的字典序偏好排序为（3 and 6）> 9 >（5 and 8 if 2）> 10 >（-4 or -7）>（-1）。

上述各局中人的字典序偏好信息可以总结在表 2.3 中。

表 2.3　　　　　　　　区域间水资源配置行为者的偏好

地方政府	地方政府	地方政府	流域管理机构
5 and 8	8 if 2	5 if 2	3 and 6
2	5 if 2	8 if 2	9
10	10	10	5 and 8 if 2
1	6	3	10
3 and 6	9	9	-4 or -7
9	3	6	-1
-4 or -7	-1	-1	
	-4	-7	
	-7	-4	

注：从上到下，行为者对各种策略（组合）的偏好程度依次减小。

根据行为者对所有策略的字典序偏好信息，可以计算出行为者对 14 种可行状态的偏好顺序（见表 2.4）。

表 2.4　　区域间水资源配置行为者对可行状态的偏好排序

行为者	区域间水资源配置行为者对可行状态的偏好排序（从左到右偏好程度依次降低）													
地方政府	14	13	2	5	4	12	7	11	10	9	1	3	6	8
地方政府	14	1	3	6	13	8	11	12	5	10	2	4	7	9
地方政府	14	1	6	3	13	8	5	10	11	12	2	7	4	9
流域管理机构	1	2	13	3	6	8	5	4	10	7	11	12	9	14

（4）区域间水资源配置的图模型

①行为者的行为描述

单方移动（Unilateral Movement，UM）的定义：行为者通过改变自己的策略选择，引起的配置状态发生改变称为单方移动，记为：

$$S_l(s_0) = \{s_1 \mid 局中人 l 通过单方改变策略从状态 s_0 移动到状态 s_1\}$$

单方可改进移动（Unilateral Improvement，UI）的定义：行为者通过改变自己的策略选择，引起的配置状态发生改变，并且对该局中人来讲，新到达的状态的偏好程度高于策略改变前状态，称为单方可改进移动，记为 $S_l^+(s_0) = \{s_1 \mid 局中人 l 通过单方改变策略从状态 s_0 移动到状态 s_1$，且 $P_1(s_1) > P_1(s_0)\}$，$P_1(s_1) > P_1(s_0)$ 表示对 l 来讲，状态 s_1 的偏好程度高于状态 s_0。单方可改进移动集合是单方移动集合的子集。

通过分析可得到以下结果：

对于 G_1 有：

$S_{G1}(1) = \{2\}$，$S_{G1}(3) = \{4\}$，$S_{G1}(6) = \{7\}$，$S_{G1}(8) = \{9\}$，

$S_{G1}(2) = \{1\}$，$S_{G1}(4) = \{3\}$，$S_{G1}(7) = \{6\}$，$S_{G1}(9) = \{8\}$，

$S_{G1}^+(1) = \{2\}$，$S_{G1}^+(3) = \{4\}$，$S_{G1}^+(6) = \{7\}$，$S_{G1}^+(8) = \{9\}$。

对于 G_2 有：

$S_{G2}(1) = \{3\}$，$S_{G2}(2) = \{4, 5\}$，$S_{G2}(3) = \{1\}$，$S_{G2}(4) = \{2, 5\}$，

$S_{G2}(5) = \{4\}$，$S_{G2}(6) = \{8\}$，$S_{G2}(7) = \{9, 10\}$，$S_{G2}(8) = \{6\}$，

$S_{G2}(9) = \{10\}$，$S_{G2}(10) = \{9\}$，$S_{G2}(11) = \{12, 13\}$，$S_{G2}(12) = \{13\}$，

$S_{G2}^+(2) = \{5\}$，$S_{G2}^+(4) = \{5\}$，$S_{G2}^+(7) = \{10\}$，

$S_{G2}^+(9) = \{10\}$，$S_{G2}^+(11) = \{13\}$，$S_{G2}^+(12) = \{13\}$。

对于 G3 有：

$S_{G3}(1) = \{6\}$，$S_{G3}(2) = \{7, 11\}$，$S_{G3}(3) = \{8\}$，$S_{G3}(4) = \{9, 12\}$，

$S_{G3}(5) = \{10, 13\}$，$S_{G3}(6) = \{1\}$，$S_{G3}(7) = \{2, 11\}$，$S_{G3}(8) = \{3\}$，

$S_{G3}(9) = \{4, 12\}$，$S_{G3}(10) = \{5, 13\}$，$S_{G3}(11) = \{2, 7\}$，$S_{G3}(12) = \{4, 9\}$，

$S_{G3}^+(2) = \{11\}$，$S_{G3}^+(4) = \{12\}$，$S_{G3}^+(5) = \{13\}$，

$S_{G3}^{+}(7) = \{11\}$，$S_{G3}^{+}(9) = \{12\}$，$S_{G3}^{+}(10) = \{13\}$。

对于 G_0 有：

$S_{G0}(13) = \{14\}$，$S_{G0}(14) = \{13\}$，$S_{G0}^{+}(14) = \{13\}$。

②区域间水资源配置的图模型

将网络所有可行状态作为顶点，可行状态之间的移动用有向弧表示，使用图的形式将所有行为者的策略变化动态地表示出来，形成了对流域水资源配置的动态描述（如图2.8所示）。图2.8中，14个圆圈代表了行为者的不同策略选择形成的流域水资源配置结果，实线箭头表明了不同行为者的策略选择引起的配置结果发生改变，虚线箭头表明对某一行为者来说，其策略选择引起的配置结果较改变之前有所改进。在一定的水资源配置政策下，每个行为者根据自己的利益变化调整策略选择，进而对流域水资源配置结果产生影响，在图模型中表现为流域水资源配置的可行状态发生改变；在

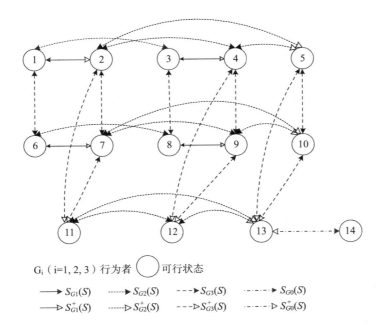

图2.8　区域间水资源配置的动态描述

行为者相互的博弈协商下，流域水资源配置沿着帕累托改进路径向均衡状态移动，在均衡状态下，每个行为者都对配置结果满意，暂时不愿意偏离这种状态，从而演化到流域水资源配置的帕累托最优状态。

（三）流域水资源帕累托优化配置的稳定性分析

通过上面分析所得到的区域间水资源政策网络的图模型，可以清晰地了解网络行为者的策略选择如何相互影响，网络行为者之间的互动能够呈现出一种平衡状态吗？到达这种平衡状态的过程是怎样的？下面为解决这两个问题首先对网络行为者的各种行为稳定性进行了定义，在此基础上寻找流域水资源政策网络运行的均衡状态以及到达这种均衡状态的演化路径。

1. 流域水资源帕累托优化配置的均衡状态

（1）稳定性概念定义

通过对网络中行为者的行为进行多个角度的描述，定义五种稳定性。

①Nash 稳定性（Nash Stability，NR）

对于网络中的行为者来讲，如果状态不存在单边可改进移动，即行为者 l 的单方策略改变不能移动到偏好程度更高的状态，则状态 s_0 对行为者 l 来讲是纳什稳定的。即 $\forall l$，$S_l(s_0) = \varphi$，则 $\forall l$，$S_0 \in NR$。

②一般超理性（General Metarational，GMR）

行为者 l 通过单边可改进移动从状态 s_0 移动到 $s_1 [s_1 \in S_l^+(s_0)]$，网络中的其他行为者 $N + \{l\}$ 接下来通过单方移动从状态 s_1 到达状态 $s_2 [s_2 \in S_l(s_0)]$，对 l 来讲，状态 s_2 的偏好程度低于状态 s_0，则称状态 s_0 对行为者 l 来讲是一般超理性稳定的。即 $\forall l$，$s_1 \in S_l^+(s_0)$，$\exists s_2 \in S_{N+\{l\}}(s_1)$，$P_l(s_0) > P_l(s_2)$，则 $\forall l$，$s_0 \in GMR$。

③对称超理性（Symmetric Metarational，SMR）

行为者通过单边可改进移动从状态 s_0 移动到 $s_1 [s_1 \in S_l^+(s_0)]$，网络中的其他行为者 $N - \{l\}$ 接下来通过单方移动从状态 s_1 到达状

态 s_2，对 l 来讲，状态 s_2 的偏好程度低于状态 s_0；行为者 l 在其他行为者策略改变后通过单方移动从状态 s_2 到达 $s_3[s_3 \in S_l(s_2)]$，对 l 来讲，状态 s_3 的偏好程度低于状态 s_0，则称状态 s_0 对行为者 l 来讲是对称超理性稳定的。即 $\forall l$，$s_1 \in S_1^+(s_0)$，$\exists s_2 \in S_{N-\{l\}}(s_1)$，$P_l(s_0) > P_l(s_2)$，$\exists s_3 \in S_l(s_2)$，$P_l(s_0) > P_l(s_3)$，则 $\forall l$，$s_0 \in \mathrm{SMR}$。

④序贯稳定性（Sequential Stability，SEQ）

行为者 l 通过单边可改进移动从状态 s_0 移动到 $s_1[s_1 \in S_l^+(s_0)]$，网络中的其他行为者 $N-\{l\}$ 接下来通过单方可改进移动从状态 s_1 到达状态 $s_2[s_2 \in S_{N-\{l\}}(s_1)]$，对 l 来讲，状态 s_2 的偏好程度低于状态 s_0，则称状态 s_0 对行为者 l 来讲是序贯稳定的。即 $\forall l$，$s_1 \in S_1^+(s_0)$，$\exists s_2 \in S_{N-\{l\}}(s_1)$，$P_l(s_0) > P_l(s_2)$，$\exists s_3 \in S_l(s_2)$，$P_l(s_0) > P_l(s_2)$，则 $\forall l$，$s_0 \in \mathrm{SMR}$。

⑤有限步移动稳定（Limited - move Stability，L_h）

行为者 l 从状态 s_0 出发，经过所有行为者交互移动 h 步后，重新返回到状态 s_0，则称状态 s_0 对于行为者 l 来讲是有限步移动稳定的。

（2）流域水资源帕累托优化配置的均衡状态

在上述多种稳定性定义的基础上，对流域水资源帕累托优化配置的演化进行稳定性分析，得到表 2.5，从表 2.5 中可以看出状态 5、10、11、12、13、14 都可以达到均衡，其中状态 13、14 满足所有稳定性定义，是强均衡状态。

表 2.5　　　　　流域水资源帕累托优化配置的均衡状态

行为者	策略	5	10	11	12	13	14
地方政府	1. 将水资源用于自身发展	N	N	N	N	N	N
	2. 向下游调水	Y	Y	Y	Y	Y	Y
地方政府	3. 执行现有分水协议	N	N	Y	Y	N	N
	4. 与地方政府冲突	N	N	N	N	N	N
	5. 与地方政府合作	Y	Y	N	N	Y	Y

续表

行为者	策略	5	10	11	12	13	14
地方政府	6. 执行现有分水协议	Y	N	N	N	N	N
	7. 与地方政府冲突	N	Y	N	N	N	N
	8. 与地方政府合作	N	N	Y	Y	Y	Y
流域管理机构	9. 执行现有分水协议	Y	Y	Y	Y	Y	N
	10. 形成新的分水协议	N	N	N	N	N	Y
稳定性定义	NR					√	√
	GMR	√	√	√	√	√	√
	SMR	√	√	√	√	√	√
	SEQ					√	√
	L［2］					√	√

2. 流域水资源帕累托优化配置的均衡演化路径

如表 2.6 所示，流域水资源优化配置的正常状态下，上游地方政府 G_1 不愿意考虑下游的用水需求，更多地倾向于将水资源用于本区域经济发展，下游地方政府 G_2 和 G_3 在流域管理机构 G_0 的管理下根据现有的分水协议从流域中进行取水，即网络的初始状态是（YN YNN YNN YN），即状态 1。

表 2.6　　　　　流域水资源帕累托优化配置的演化路径

行为者	策略	状态序号								
		1		8		9		13	or	14
地方政府	1. 将水资源用于自身发展	Y		Y	→	N		N		N
	2. 向下游调水	N		N	→	Y		Y		Y
地方政府	3. 执行现有分水协议	Y	→	N		N		N		N
	4. 与地方政府冲突	N	→	Y		Y	→	N	→	N
	5. 与地方政府合作	N		N		N	→	Y	→	Y
地方政府	6. 执行现有分水协议	Y		N		N		N		N
	7. 与地方政府冲突	N	→	Y		Y	→	N	→	N
	8. 与地方政府合作	N		N		N	→	Y	→	Y

续表

行为者	策略	状态序号					
		1	8	9	13	or	14
流域管	9. 执行现有分水协议	Y	Y	Y	Y	→	N
理机构	10. 形成新的分水协议	N	N	N	N	→	Y

当水资源紧缺，地方政府 G_2 和 G_3 为了获得更多的水资源，相互之间发生冲突，G_2 选择策略4，放弃策略3，G_3 选择策略7，放弃策略6，网络由状态1演变为状态8。尽管地方政府 G_2 和 G_3 为了获得更多的水资源，不惜以破坏水利设施等方式为代价，但在有限水资源的前提下，仍然不能缓解水资源供需矛盾。但如果上游地方政府 G_1 愿意向下游调水，即网络状态演化为9时，G_2 和 G_3 愿意以适当的价格买水，这样不仅能解决各自对水资源的需求，而且能够避免水资源冲突带来的损失，则初始状态在经历了水资源冲突后演变为状态13，即（NY NNY NNY YN），达到均衡。但是状态13只是一种理想状态，这是因为在实际中，由于上下游各地区经济发展的不平衡，地区之间就水价等各种补偿难以达成一致，地区政府在没有第三方协调的情况下很难形成有效的合作，这就需要流域管理机构 G_0 发挥其协商作用，促进流域内各地方政府的合作，形成新的分水协议，网络演化到均衡状态，即状态14（NY NNY NNY NY），既给予了上游地方政府适当的利益补偿，又解决了下游地方政府的水资源需求，实现了流域水资源管理的有效治理。

3. 流域水资源帕累托优化配置的机理阐释

流域水资源配置是一个动态过程，在这个过程中，行为者在一定的政策制度下，根据自身的利益变化调整各自的策略，行为者的策略调整同时对其他行为者产生影响，从而推动流域水资源配置结果的不断改变。那么，在流域水资源的动态变化中，如何实现帕累托优化成为本部分需要解决的问题：本部分首先对流域水资源帕累托优化配置实现的思路进行分析，然后在这个思路的指导下，对流域水资源帕累托优化配置的机理进行阐释。

4. 帕累托优化配置的思路

流域水资源配置帕累托最优是各网络行为人通过协商、谈判而达到的一种资源配置的均衡状态。水资源准公共物品属性为行为人提供了"搭便车"动机激励：理性的行为者在个体利益与集体利益不一致时，不会选择行动实现集体共同的利益，个体理性导致了集体的非理性。根据传统的集体行为理论，流域水资源配置的行为者，如果在其本身不合作、其他行为者参与合作的情况下，获得更高的效益，那么此行为者将不会合作。因此，处于流域水资源"囚徒困境"中的所有行为者都会最大化自身的短期收益（如图2.9所示）。这就导致流域水资源的配置由于行为者之间缺乏协商合作陷入集体行为的困境，呈现出次优性。

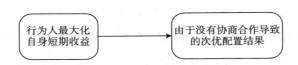

图2.9 集体行为的困境

如何走出集体行为的困境，奥尔森认为集体人数越多，集体人均收益就相应减少，"搭便车"的动机就越强烈，走出公共物品集体行为的困境需要借助诱导性制度政策驱使集体中的理性个体采取有利于集体的行为，这些制度政策可以是经济的、社会的、奖励的、惩罚的、强制的，等等。一些学者通过设计相应的制度规则对行为人的行为进引导和约束（如图2.10所示），从而产生最优结果。但是，这种最优结果只是在理论上成立，主要原因在于这些规则制度来自于"外部"，只是假设为施加在行为可以改变的行为者身上。流域水资源配置的动态描述表明：在一定的制度规则框架内，行为者之间存在着博弈与协商，博弈与协商互动反过来推动原有制度规则的演化。而在传统集体行为困境解决方法中，来自"外部"的制度规则并未施加在行为者的决策行为上，因此并不能有效地走出流域水资源治理的集体行为困境。

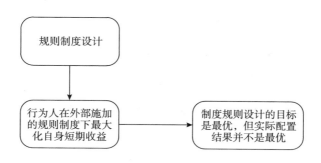

图 2.10　集体行为困境的传统解决方法

将集体行为困境的传统解决方法中规则制度由"外部"的转化为"内生"的，不仅需要认识到通过规则制度对行为者决策行为产生诱导，同时需要认识到这种规则制度的形成不是一次性的，而是在行为者反复博弈协商的过程中形成。对流域水资源配置而言，水价、水资源费等制度规则的约束不一定使流域水资源管理走出集体行为的困境。即使这种制度规则使不同需水主体之间形成了合作关系，走出了集体性行为困境，但是主体之间异质性的存在会使在这种制度规则下形成的合作协议迅速破裂。正如 Kanbur 指出："理论和实践证明，相关经济方面具有同质性的群体更有可能达成合作协议，而这种协议更可能随着该经济方面异质性的增加而破裂。"[158]因此，要达到流域水资源配置的最优，就必须设计某种内生的制度规则，如图 2.11 所示，这种制度规则既能够对需水主体的行为决策进行诱导，同时这种制度规则在需水主体反复的博弈协商中不断完善。在这种内生规则下，流域水资源的配置结果可能不是最优的，但是所有主体对其都是满意的，没有一个主体愿意改变这种分配结果，可以说，内生制度规则框架下的流域水资源配置是帕累托最优的。

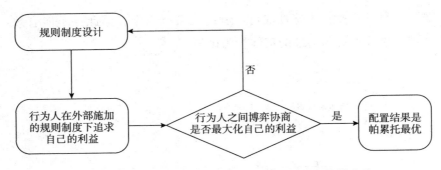

图 2.11　解决流域水资源配置陷入集体行为困境的方法

那么在流域水资源配置过程中，"内生"的规则制度是如何形成的呢？根据政策网络理论，流域水资源配置初始状态为流域水资源管理者在已有政策研究结果的基础上确定网络规则——分水方案，包括水价、水费、水量等，形成对网络中行为者的行为约束。根据个体理性导致集体的非理性，流域水资源管理者与各用水主体之间的信息不对称将使在这种网络规则引导下的行为者行为决策最终陷入集体行为的困境，政策网络处于一种不均衡状态。从某种意义上讲，此时的网络规则可以看作是外生的。

在流域水资源政策网络运行中，"链接"为行为者提供了沟通协商的渠道，行为者可以借助于这个渠道表达各自的利益诉求，通过各自的策略互动寻求使个体利益最大化的资源互换方式。对流域水资源配置动态描述的图模型中可以看到，适当的协商渠道的存在使行为者认识到，如果改变自己的行为策略可以获得更多的收益，那么他们将改变行为决策，推动配置状态发生改变；在新的状态下，行为者对各自的收益进行重新分析，并在分析的基础上改变各自的策略，开始新一轮的协商，推动流域水资源配置继续演化，直至所有的行为者都不愿更改各自的策略位置，此时，流域水资源配置达到一种均衡状态。随着流域水资源配置的动态演化，网络规则也在发生着改变：当网络处于初始状态时，原有的外生规则对各行为者的初始策略行为形成约束；行为者对网络初始状态下各自的状况进行评估，确认这种规则下水资源需求是否得到满足，如果满足，则认为这种规则是有效的；如果未被满足，行为者之间将会展开博弈协商，寻求能够使水资源需求得到满足的资源互换方式，这个过程也是所有行为者对原有网络规则进行选择的过程。当水资源配置达到一种均衡状态，"内生的"网络规则在行为者的协商互动中形成。

5. 帕累托优化配置的机理阐释

在流域水资源帕累托优化配置思路的指导下，对其机理进行阐释。图 2.12 中，位于第 k 层的某一行为人（记作 A）在对位于第 $k-1$ 层、并以 A 为顶点的行为者集合进行水资源分配时，设计制定初始政策安排。初始政策安排是来自各种不同部门的不同政策的组成，记作 WP = (WP_1，WP_2，$\cdots$，WP_m)（$m \geqslant 1$），其中 WP 是 $m \times 1$ 维向量，WP_m 是各种水资源政策，包括宏观经济政策、水量分配政策、水价政策、生态指标政策、污水处理政策等，它们分别由宏观调控部门、水量调度部门、水价管理部门、生态管理部门、环境管理部门制定。将流域水资源系统约束记作 AX ≤ B。则在初始水资源政策安排 WP 与流域水资源系统的约束 AX ≤ B 下，第 k 层行为者 A 的综合社会福利为 SW(WP)，第 $k-1$ 层、并以 A 为顶点的行为人的个体效益为 IB(WP) = ｛IB_1(WP)、IB_2(WP)，$\cdots$，IB_n(WP)｝（$n \geqslant 1$），SW(·) 和 IB_n(·) 分别为第 k 层行为者 A 的综合社会福利函数，第 $k-1$ 层、并以 A 为顶点的行为者的个体效益函数。

如图 2.12 所示，当初始政策安排输入流域水资源配置环境，在水资源分配者效益 SW(WP)、流域水资源系统约束 AX ≤ B 及水资源需水主体效益 IB(WP) 共同作用下，形成流域水资源配置结果 X = (x_1，x_2，$\cdots$，x_n)（$n \geqslant 1$）。由于初始政策安排 WP 是水资源配置主体 A 根据以往工作经验及已有研究上设计，并未经过需水主体的博弈与协商，流域水资源政策网络行为者的异质性决定了在初始政策安排 WP 框架下得出的水资源配置结果 X 往往并不能使所有的主体满意。从某种意义上说，WP 是一种外生的政策安排。

如何将初始政策安排 WP 由外生的转换为内生的？首先由宏观调控部门、水量调度部门、水价管理部门、生态管理部门、环境管

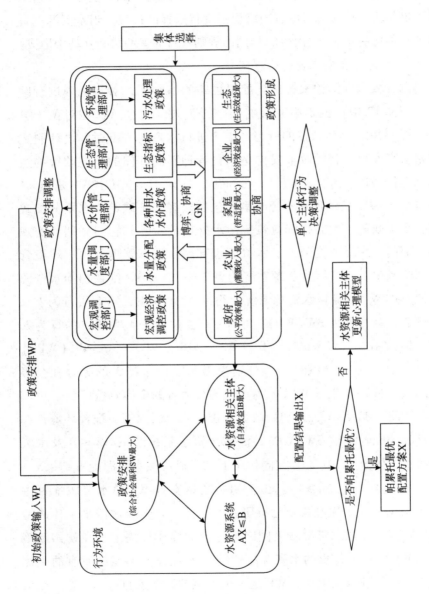

图 2.12 流域水资源帕累托优化配置机理

理部门依据实际情况设计行为者之间的博弈协商机制 GN，确定政府、农业、工业、企业、生态等行为者之间的协商方式、利益补偿及激励规则。不同的水资源分配制度或规则在行为者之间产生不同的经济效益，行为者就会围绕这种分配制度展开博弈及协商，形成对水资源政策的集体选择，直至他们就分配的制度及规则达成一致意见。行为者在 GN 的框架下以最大化自己的利益为目标进行博弈协商，初始政策安排 WP 在行为者决策行为的互动中不断地得到调整，形成最终的政策安排 WP′，博弈协商的结果为流域水资源配置结果 X′ $(x'_1, x'_2, \cdots, x'_n)(n \geqslant 1)$。在政策安排 WP′下，每个行为者对配置结果 X′是满意的，没有一个人愿意改变自己的行为决策去改变这种状态，所以说，此时 X′是帕累托最优的。在政策安排 WP′下，所有行为者经协商达到了流域水资源配置的帕累托最优状态 X′，但是，这种状态只是某种情况下的帕累托最优。水资源系统的变化及行为者自身的变化都会使流域水资源配置环境发生变化，那么原有的帕累托最优状态 X′会被打破，政策安排 WP′在行为人博弈协商的过程中继续演化，形成新一轮的帕累托最优状态，见图 2.12。

综上所述，流域水资源帕累托优化配置的机理为：配置过程依据"政策安排 WP—博弈协商机制 GN—帕累托最优状态"的路径演化，形成能有效促进行为者协商合作的政策安排 WP′及在这种政策安排下的流域水资源配置方案 X′。一旦帕累托最优状态 X′被打破，流域水资源配置行为者将会进行新一轮的博弈协商，寻找新的帕累托最优状态。

第三节　基于政策网络的流域水资源配置帕累托改进路径

一　流域水资源配置的历史进程

从历史发展的角度来看，人类从起源开始，便与水资源形成了密不可分的关系（如图 2.13 所示）。

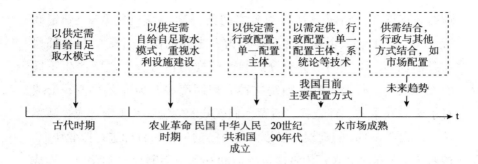

图 2.13　流域水资源配置的历史进程

在我国古代时期，水资源比较丰富，水资源的供给大于人们的用水需求，人们开发利用水资源多是为了生活本身及自给自足的农业生产，水资源的管理思想是以需定供，对水资源的开发利用采用自由取水的模式，我国古代对水资源的管理主要集中在防洪治河等水利工程方面。由于水资源的供给充足，人们没有意识到水资源的重要性，同时，自给自足的取水模式也无法对用水行为形成约束，对水资源的开发利用过度，造成了水资源浪费严重。

农业革命后，人们对水资源的需求增加，在以需定供的思想下，水资源管理主要通过建设水利工程等基础设施来增加水资源供给，而水资源管理制度本身并未得到改进和发展。民国时期，受到战争的影响，水资源管理并未有较大的进展。

从中华人民共和国成立到80年代末，人们对水资源的需求逐渐增加，农业生产规模扩大、灌区迅速增加等，使水资源的供需矛盾越来越明显，用水主体之间的水事纠纷越来越频繁。在计划经济下，水资源管理的思想从总体上看依然是以需定供，但采用了行政配置的方式，开始关注对各种水资源需求的协调——通过设立不同的部门对不同的用水需求进行管理。

20世纪90年代以来，水资源供给小于需求，水资源的稀缺性越来越明显，我国大部分地区普遍采用的配置方式依然是行政配置，这种方式有助于维护社会的公平，可以保证水资源缺乏主体的供给，尤其是环境用水需求。但是，以需定供的水资源管理思想发生改变，进入了以供定需的管理时代。公平性成为流域水资源配置的主要目标。而行政配置主要基于集体理性的假设，依靠政府单一主体对流域内各地方主体及行业用水主体进行水资源配置，未提供其他主体参与水资源配置的渠道，从而造成了个体理性与集体理性的冲突，陷入了集体理性的困境。为了解决个体理性导致的集体理性，需要在行政配置方式下，考虑各用水主体对配置结果的满意度，通过一定的满意度约束来提供主体参与水资源配置的渠道，实现配置的公平性。

近年来，气候环境的变化及经济发展速度的加快使水资源供需矛盾由明显变为突出，市场工具作为一种有效的资源配置方式，它能够通过价格反映水资源的稀缺性，通过水权交易带来的收益变化对用水主体的节水行为形成有效的激励，进而提高用水效率，缓解水资源供需矛盾。目前，我国局部地区开始出现水资源交易行为，以东阳—义乌水权交易事件为标志开始了市场方式配置水资源的萌芽。随着水资源管理制度的逐渐完善，我国流域水资源管理逐渐向综合管理演化，配置方式由行政单一配置向行政与市场等其他方式混合的多样化配置转变。

前文在基于政策网络的流域水资源帕累托优化配置机理的指导下，对目前我国大部分地区的行政配置进行改进，进行考虑主体满意度协商的行政配置，形成考虑公平的流域水资源帕累托改进路径。但是，尽管行政配置下对水资源利用产生的效益进行了考虑，但是并不表明提高了水资源的利用效率。从长远的发展来看，流域水资源的配置不仅要保证配置的公平性，同时也要提高配置的效率。因此，在新时期，采用行政配置和市场配置相结合的方法对流域水资源进行配置成为流域水资源配置演化的方向。本书在考虑公平的流域水资源配置路径基础上，进一步形成考虑主体满意度协商的行政配置与市场配置交互影响的配置路径，即考虑公平及效率的流域水资源帕累托改进路径。

二 考虑公平的流域水资源配置帕累托改进路径

流域水资源的配置首先要明晰流域内行为者所持有的水资源权利，在本书主要指对行为者的初始拥有的水资源数量进行确定，可以称为初始配置，它的核心是实现配置的公平性。行为者拥有的初始水资源数量的界定是调动用水行为者节约用水、保护水资源、提高水资源利用效率、缓解水资源冲突的基础。水资源初始配置主要从宏观上保证配置的公平性，因此，主要采用行政配置的手段；同时为了提高行为者对配置方案的执行程度，必须考虑不同区域以及不同行业的差异，使用水行为者参与到水资源配置决策过程中，寻求使没有一个行为者愿意改变的配置结果，即帕累托最优配置。如何实现帕累托最优配置？本书定义用水主体满意度概念，构建用水主体的最低满意度约束，以及考虑用水行为者差异化的主体满意度平衡约束，通过用水主体之间进行有关满意度的反复协商，寻求使网络中所有行为者都不愿更改的配置方案，即帕累托最优配置方案。

通过前面分析，流域水资源配置分为区域间水资源配置及区域内水资源配置。对区域间水资源配置来讲，流域管理机构是政策政府、区域地方政府为行为政府。区域间水资源配置的过程是以流域管理机构行政配置为主、流域内各区域地方政府以满意度协商形式参与水资源配置决策这一过程的反复迭代。具体来讲，如图2.14所示，流域管理机构作为政策政府制定初始的政策安排 WP，提供区域地方政府的协商渠道（用水主体满意度协商），区域地方政府从自身利益最大化（MaxIB1）出发，相互之间进行协商，当所有区域地方政府对协商结果满意时，形成水资源配置方案，所有的行为人都不愿意改变这种配置方案，实现了流域整体效益 SW 及区域个体效益 IB1 的帕累托最优。

对区域内水资源配置来讲，区域地方政府发生角色变换，由行为政府变为政策政府，负责对区域内水资源进行配置，各行业用水主体为行为主体。区域内水资源政策网络的运行与区域间水资源政策网络的运行基本相似，所不同的是用水主体满意度的定义随行业

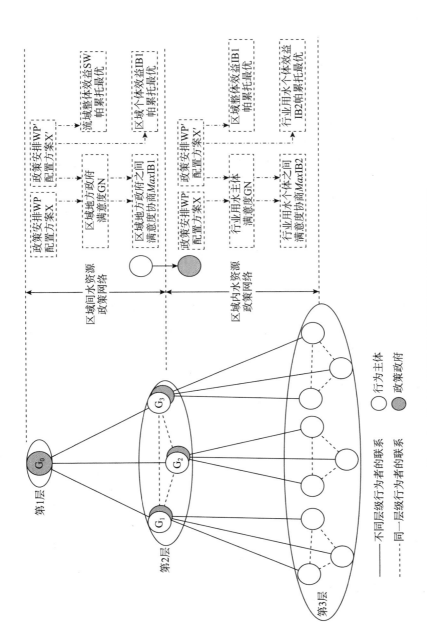

图 2.14　考虑公平的流域水资源配置的帕累托改进路径

用水主体的特点发生变化,用水主体满意度在配置模型中的具体形式也随之变化。

三 考虑公平及效率的流域水资源配置帕累托改进路径

随着社会经济的发展,区域经济结构处在不断地调整中,产业结构在不断地发生变化,区域地方政府间及行业用水主体间对水资源的竞争更加突出。越来越多的新企业被创立,形成新的水资源需求;同时,原有的一些不能跟上时代步伐的老企业逐渐被淘汰出局,或是一些主体提高水资源利用效率,从而形成富余的水资源。在我国部分地区,水资源富余主体与水资源短缺主体借助水量交易传递水资源的供需信息,彼此之间进行水资源互换,实现各自效益的最大化。此时,水资源的配置目标要兼顾公平与效率,不仅要考虑网络行为者之间满意度协商以保证公平性,同时也要考虑行为者之间的水量交易协商,通过采取利益补偿等方式促进水量交易,卖出多余水量或买入所需水量,实现各自的利益最大化,形成提高水资源配置效率的驱动力。从我国实情出发,同层次主体之间即区域地方政府主体间、行业用水主体间的水量交易可以直接发生;行业用水主体与另一层次的行业用水主体之间的水量交易发生,通常需要向所在区域的地方政府相关机构申请,由两者所在区域的地方政府进行协商,然后进行交易,因此,本书在考虑公平及效率的流域水资源配置中,限定水量交易协商只发生在同层次行为者之间。

考虑公平及效率的流域水资源帕累托配置也包括区域间、区域内水资源帕累托优化配置各自如何进行。考虑公平及效率的区域间水资源配置是以流域管理机构行政配置为主、流域内各区域地方政府以满意度协商及水量交易协商两种形式参与水资源配置决策这一过程的反复迭代。具体来讲,如图 2.15 所示,流域管理机构作为政策政府制定初始的政策安排,提供区域地方政府的协商渠道(用水主体满意度及水量交易),区域地方政府从自身利益最大化(*Max* IB1)出发,相互之间进行协商,区域地方政府的满意度协商和水量交易协商交互影响,当所有区域地方政府对协商结果满意时,

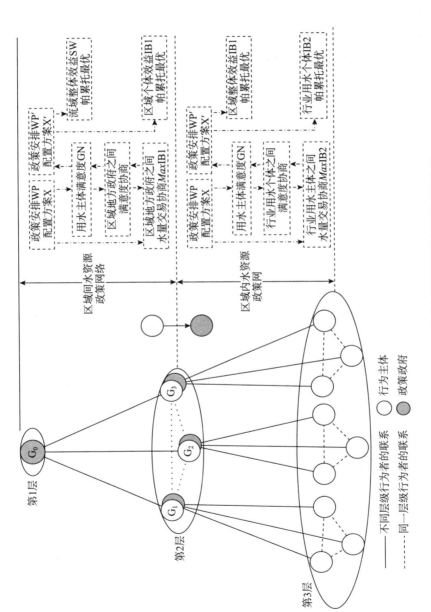

图2.15　考虑公平及效率的流域水资源配置的帕累托改进路径

形成水资源配置方案及水量交易方案 Y，所有的行为者都不愿意改变这种配置方案，以及在这种配置方案下的水量交易方案 Y，实现了流域整体效益 SW 及区域个体效益 IB1 的帕累托最优。

对考虑公平及效率的区域内水资源配置来讲，区域地方政府发生角色变换，由行为政府变为政策政府，负责对区域内水资源进行配置，各行业用水主体为行为主体。考虑公平的区域内水资源帕累托优化配置与区域间水资源优化配置基本相似，区别在于用水主体满意度的定义及水量交易的规则由行业主体的特点而确定，这会使具体的配置模型随之发生变化。

第四节　本章小结

流域水资源政策网络是一种治理机制，在网络中不同层次的行为者相互博弈协商的过程中，理性的、经济的行为者从各自所追求的目标，选择不同的策略，在其他行为者的影响下不断调整自己的策略选择，从而形成一种动力，推动流域水资源配置向前演化，寻找流域水资源配置的帕累托最优状态。本章在流域水资源政策网络相关分析的基础上，对基于政策网络的流域水资源帕累托优化配置机理进行了阐释，并对考虑公平的、考虑公平及效率的流域水资源帕累托改进路径进行了研究。

第三章　考虑公平的流域水资源
帕累托优化配置

　　我国目前的流域水资源配置主要采用行政配置的方式，多建立在集体理性假设的基础上，主要是从水资源单一决策主体的角度出发，强调整体最优，即流域利益最大化、区域利益最大化，没有对各个用水主体的实际用水需求与流域最优、区域最优配置方案下所得水量之间的差异进行较好的平衡。在现实中，流域内各区域地方政府、区域内各行业主体从自身的资源、经济、人口等多种因素考虑，对水资源表现出不同程度的需求。因此，从水资源单一决策主体的角度进行的合理化建模，缺乏各用水主体参与决策的渠道，往往导致优化出来的配水方案满足整体最优性，不满足个体最优性，使用水主体对配水方案的满意程度不高，甚至在执行中充满抵触情绪，造成方案可接受性差，执行阻力大。针对我国目前流域水资源配置仅考虑集体理性的不足，本章综合考虑集体理性和个体理性，定义用水主体满意度的概念，来表示用水主体对水资源配置方案的满意程度，通过在配置模型中引入用水主体满意度原则，来提供用水主体参与流域水量分配决策的渠道，来实现流域水资源配置的公平性，构建考虑公平的流域水资源帕累托优化配置模型。所构建的配置模型既从水资源配置政策主体角度考虑了配置方案的合理性，又从行为主体角度考虑了分水方案的可行性，从而使得到的分水方案在实现流域整体利益、区域整体利益的同时，兼顾了用水主体个体的利益，提高了用水主体对配置方案的满意程度，各主体促进了用水主体对水资源配置方案执行的积极性，或者说，各主体偏离这种配置结果的可能性大大降低，实现了流域水资源配置的帕累托改进。

第一节 考虑公平的流域水资源配置概述

一 考虑公平的流域水资源配置特点

流域水资源配置应该从我国的国情、水情出发，密切联系实际，建立一个更符合现实情况的水资源分配模型，确定出合理可行的配置方案。考虑公平的流域水资源配置以水资源在行为者之间的公平配置作为主要目标，着重考虑行为者对配置方案的满意度互动下的水资源配置。考虑公平的流域水资源配置从本质上讲是对各主体所有用的初始水资源量进行确定，其配置的特点可以分别从分配模式、配置方法和配置效果三个方面来分析。

（1）考虑公平的流域水资源配置包括区域间水资源配置和区域内水资源配置。在某个流域内，各主体所有用的初始水资源量的确定往往需要经过两个阶段。第一阶段，作为流域水资源的管理者，流域管理机构以某种分配原则，进行区域间水资源分配，形成水量分配方案，对各区域地方政府拥有的初始水资源量进行确定。第二阶段，作为区域水资源的管理者，区域地方政府以某种分配原则，进行区域内水资源分配，形成水量分配方案，对区域内各行业用水主体拥有的初始水资源量进行确定。

（2）配置方法表现为各行为者参与的行政手段的水量分配方式。政策主体（包括流域管理机构和各区域地方政府）借助于水资源配置模型，优化得到分水方案。然后，基于政府行政权力的强制力，将该水量配置方案上升到政策或法规的层面，以行政手段强制用水主体执行。

（3）配置效果上表现为用水主体对水量配置方案认可度、满意度受到影响，主体执行分配方案的自觉主动性受到所得利益的影响较大。在水资源充足的情况下，由于水量配置主体在分配水量时，依据的是一些国际社会较为认可的分水原则，且执行环节中有行政手段的保证，分水方案基本能够得到用水主体的遵照执行。但随着社会的发展，用水主体的维权意识和法律意识越来越强，对于公平性的要求也越来越高，用水主体参与分水决策过程、表达主观意愿、维护自身利益的意愿越来越强烈。在水资源日益紧缺的情况下，传统的水资源配置模型为用水主体提供的利益表达渠道十分有限，使基于集体理性得到的水量配置方案不能满足个体理性的要求，用水主体对配置结果的满意度受到影响，存在从个体理性出发、私自采取行动以获得所需水资源的现象，水资源冲突不可避免。

总的来看，随着可用水资源总量的减少以及人类社会的发展带来的水资源需求迅速增加，水资源供需之间的矛盾给水资源配置提出了新的要求。流域水资源分配模型只有依据新情况，进行合理的改进，才能适应新形势下水资源管理的要求。

二 考虑公平的流域水资源配置的优化结构

1. 考虑公平的流域水资源配置的建模思路

针对考虑公平的流域水资源配置特点，本章对模型的框架结构、配置原则及数学表达三个方面进行确定。

（1）模型配置原则

在坚持国际通用分水原则的基础上，提出并引入用水主体满意度原则。由于传统分配原则仅是从水资源配置主体的角度来考虑分水方案的合理性，因此，在这种原则指导下构建的分水模型往往忽略了用水主体的参与，忽视了个体理性的存在，致使用水主体对分水方案的认可度受到影响。鉴于此，水量配置中应该充分考虑用水主体的参与协商，为其提供利益表达渠道，在模型构建中，表现为考虑用水主体的主观意愿表达形式，引入用水主体的满意度因素，从水资源配置主体和用水主体两个角度，综合进行流域水资源的配置。

（2）模型框架结构

确定分阶段优化的模型框架，包括区域间水资源优化配置模型和区域内水资源优化配置模型，分别确定区域地方政府和区域内行业用水主体拥有的初始水资源量。两个子模型呈顺序执行的特点，区域间水资源配置结果是区域内水资源配置的输入参数。

（3）模型的数学表达

依据新的分水准则和模型框架，建立了新的数学模型。在该模型中，定义用水主体满意度来衡量用水主体对水量配置方案的满意程度，在此基础上，构建用水主体满意度约束函数来反映用水主体的意愿表达，近似模拟用水主体在水量分配过程中的协商过程，将用水主体的满意度作为强制性约束来判断和筛选水量配置方案。

2. 考虑公平的流域水资源帕累托配置的优化结构

在对流域水资源配置原则、框架结构及数学表达进行确定的基础上，通过对全局优化结构与两阶段优化结构分析，认为构建考虑公平的流域水资源配置模型采用两阶段优化结构更符合我国流域水资源配置的实情。

（1）全局优化结构

在流域水资源分配决策中，最上层主体是流域管理机构，最下层为用水主体。因此，最直接的办法是：流域管理机构通过充分考虑自身的分水环节以及下一级政府的分水环节，以用水主体获得的分配水量为决策变量，建立一个全局优化模型，进行全局寻优。全局优化模型的目标是通过不断修改分水方案，最终得到一个用水主体普遍接受的最优分水方案。我国水资源管理采用的是两阶段配置模式，一个完整的分水方案的制定往往要经历两个阶段。第一阶段是面向流域内区域地方政府层面的水量确定。第二阶段是面向区域地方政府内行业用水主体层面的水量确定。第二阶段的配置效果往往采用用水主体的用水效益进行评价和衡量。为了实现用水主体效益最优的目标，需要根据第一阶段配置方案中用水主体的反馈信息，来不断修改分水方案，直至方案最优。通常情况下，整个寻优

过程往往要经历多次的分水方案迭代环节才能实现，从这个角度
看，该全局优化模型应该是一个带反馈的闭环优化模型，如图3.1
所示。在图3.1中，流域管理机构通过区域地方政府，将分水政策
或方案传递给用水主体，而用水主体又通过区域政府将用水效益反
馈给流域管理机构，流域管理机构根据这些反馈信息，对上一方案
进行修改，制订新的分水方案，这一过程往复迭代，最终确定一个
最优方案。

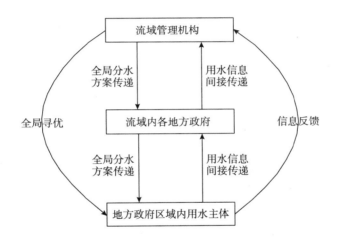

图3.1　全局闭环优化结构

全局优化模型是在整个流域范围内，通过嵌套结构来进行寻优，
所得的分水方案在理论上具有全局最优性，但在实际可行性方面存
在两个问题。

首先，全局优化模型包括三个层次，流域管理机构作为水量配
置的主导者，负责构建流域的水资源配置模型。为了建立该模型，
流域管理机构不仅需要了解各区域的需水及用水信息，还需要掌握
每个区域内各行业用水主体的需水及用水信息，对流域管理机构的
管理能力要求很高。同时，流域管理机构的分水政策和用水主体的
用水效益需要通过区域政府来进行传递，在信息传递过程中，个体

理性的存在使信息的失真现象不可避免。因此，从实际操作性方面来说，全局优化模型构建和实施的难度较大。

其次，全局优化模型为了得到最优分水方案，需要不断地对方案进行判断和修改，而每个方案的制订又需要经历"流域层—政府层—用水主体层"这样一个过程，单次方案的制订周期较长，组织的难度较大。当模型的寻优过程需要多次方案迭代时，往往使整个模型的求解变得困难甚至无法求解。因此，从成本上看，全局优化模型的计算成本较大。

综合来看，全局优化模型具有理论上的优势，但实际可行性不强。水资源冲突的严峻性要求一个分水方案不仅需要有理论上的合理性和科学性，更重要的是具有较强的实际可操作性，鉴于此，本书在优化方法的基础上，从我国的实情出发，确立了两阶段配置模型的框架结构。

（2）两阶段优化结构

全局优化模型结构是在整个嵌套模型中进行优化，每次分水方案都需要从流域层经区域地方政府层，到具体的用户层，完成一次完整的传递和分析。当用水户反馈信息不好时，需要重新调整水量配置方案，开始新的一轮迭代，求解过程非常复杂，效率不高。为了解决这个问题，增加水量配置模型的可执行性，本书可采用两阶段优化的思想，对全局优化结构进行简化，将全局优化模型结构拆分为两个顺序执行的子模型结构。第一层级子模型称为考虑公平的区域间水资源优化配置模型，对流域内区域地方政府拥有的初始水量进行优化；第二层级子模型称为考虑公平的区域内水资源优化配置模型，对区域内行业用水主体拥有的初始水量进行优化，第一层级子模型的优化结果是第二层级子模型优化的前提条件。两阶段优化结构如图 3.2 所示。从图 3.2 中可以看出，两阶段优化结构将优化过程分为两部分，即先在流域内区域地方政府之间进行水量配置，确定各地方政府的水量，这一层级不需要行业用水主体的直接参与，而仅需要他们的利益代表者——地方政府参与分水协商过程，所有行业用水主体的利益表达通过各自所属地方政府的整体利益来反映和体现。地方政府在第一阶段水量配置结果的基础上，根据第二阶段分配模型，对各自区域内行业用水主体进行水量分配。这样的水量分配模型更符合我国流域水资源配置的实际情况，组织形式比较简单，组织难度较小。

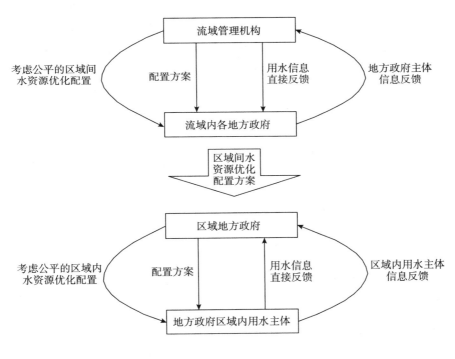

图 3.2 两阶段优化结构

第二节 考虑公平的流域水资源帕累托优化配置模型

考虑公平的流域水资源帕累托优化配置模型包括区域间水资源

优化配置模型和区域内水资源优化配置模型。

一 区域间水资源优化配置模型

1. 区域间水资源配置原则

资源的分配需要以一定的原则为指导。在进行水资源配置决策过程中，需要将这些原则抽象为定量化的数学语言（如约束函数）或指标（如目标函数）。一个好的配置模型应该同时具有较好的合理性和可行性，既要做到理论上的合理科学，又要保证在实际中具有较好的可操作性。在进行区域间水资源配置时，首先从配置模型合理性和可行性两个方面对配置原则进行确定。

从配置模型的合理性方面考虑，国内外已经形成了一些具有普遍适用性的分水原则，这些原则构成了水资源分配的理论依据。目前，国际社会普遍认同以下观点。

首先，水资源是人类生存和生活的物质基础和基本保障。因此，在进行水资源配置时，首先需要满足人类基本生活用水需求。水资源也是生态系统得以良好运行的基本要素，而生态系统是人类得以繁衍和生存的基本保障，因此，从建立和谐生态社会的角度来看，水资源配置也应优先满足基本生态用水需求。

其次，水资源是生产和发展的必要条件。在水资源相对紧缺的情况下，为了最大限度地开发水资源的利用价值，需要在水资源分配过程中，有选择性地将水资源引向输出效益更高的领域和方向，从而尽可能多地创造价值，提高人民的生活水平。

最后，水资源属于国家公共资源，应为广大人民群众所共享。从我国的社会制度来看，共同富裕和平等公平是我国各项事业的立足点和着眼点，因此，水资源分配也应该满足公平性原则。同时，从水资源分配方案的执行层面来看，只有水资源分配符合公平性原则，该方案才能得到公众的认可，才能被自觉地执行。

综合以上三个方面的考虑，本书将水资源配置的三项基本原则确定为基本用水保障原则、效益原则及公平原则。

从配置模型的可行性方面考虑，基本用水保障原则、效益原则及公平原则主要是基于集体理性的假设，从水资源配置政策主体（流域管理机构或区域地方政府）的角度出发来进行原则的确定。但用水主体是水资源配置方案的主要执行者，是进行水资源活动的主体。单从政策主体角度出发确定的配置原则，缺少对用水主体意愿及利益的考虑，导致所获得的水资源配置方案与用水主体实际需求之间的差距没有很好地得到处理，进而容易引发用水主体之间的冲突。因此，仅仅从水资源配置政策主体角度出发确定配置原则还远远不够，必须承认个体理性的存在，提供用水主体的利益诉求渠道，增加从用水主体角度出发确定水资源配置的原则。笔者认为，在构建水资源配置模型时，应考虑用水主体的主观意愿表达这一因素。用水主体的意愿可通过其对配置方案的满意程度来表示，通过建立满意度指标对其进行量化。本书在构建流域水资源配置建模中，引入用水主体满意度原则，来体现用水主体的意愿表达，提供用水主体的利益表达渠道，提高配置方案的可接受性和可操作性。

2. 基本用水保障原则及数学表示

水资源具有自然、社会、经济等多种属性，不同的领域对水资源的需求程度和数量也不尽相同。生存是人类发展的基础和前提，因此，水资源必须首先满足人类生存的基本需要。人类生活的基本用水包括基本生活用水、基本生态用水和粮食安全保障用水。依据这三种基本用水分类，基本用水保障原则包括基本生活用水保障原则、基本生态用水保障原则和粮食安全保障原则。通常情况下，这部分水量占流域水资源总量的比例虽然较小，但是对人们的生活起着十分重要的作用，因此，这部分水量需求必须完全得到满足，即依据基本用水保障原则，在初始水量分配模型中，应将这部分水量从流域水资源可供总量中扣除，对剩余水量进行分配，来满足社会和经济发展所需。

（1）基本生活用水保障原则

基本生活用水主要是指城市的家庭生活用水、农村的家庭生活用水以及牲畜用水。基本生活用水是居民得以生存和生活的基本前提，因此，基本生活用水具有最高的优先级，应该优先满足。基本生活用水一般通过人均生活用水定额及牲畜用水定额来计算，其总量计算和分配方式如下式所示。

$$RL_{kt} = DL_{kt} \qquad\qquad (3-1)$$

$$DL_{kt} = \sum_{i=1}^{3} DL_{kti} \qquad\qquad (3-2)$$

$$DL_{kt1} = d_{kpop1} \cdot pop_{k1} \qquad\qquad (3-3)$$

$$DL_{kt2} = d_{kpop2} \cdot pop_{k2} \qquad\qquad (3-4)$$

$$DL_{kt3} = d_{kliv} \cdot liv_k \qquad\qquad (3-5)$$

其中，DL_{kt} 为 t 时刻分配给行政区域 A_k 的基本生活用水量，DL_{kt1} 为行政区域 A_k 的城市基本生活需水量，DL_{kt2} 为行政区域 A_k 的农村基本生活需水量，DL_{kt3} 为行政区域 A_k 的牲畜基本需水量，d_{kpop1}、d_{kpop2} 分别为行政区域 A_k 的城市和农村基本生活用水定额，pop_{k1}、pop_{k2} 分别为行政区域 A_k 的城市和农村人数，d_{kliv}、liv_k 分别为行政区域 A_k 的牲畜用水定额和牲畜数量。

（2）基本生态用水保障原则

在整个流域中，河流需要以一定的水量给水生生物提供正常的生长环境，同时也需要一定的水量对河流污染进行自净修复，以维持河流一定形态和一定的功能。因此，河流的基本生态用水应具有较高的优先级，应该全部得到满足。

河流的基本生态环境需水量通常采用 Tennant 法计算，即将全年分为两个时段，以河流年平均流量的百分比来确定河流的基本生态用水量。据此，可以确定基本生态用水总量以及分配模型：

$$RE_{kt} = DE_{kt} \qquad\qquad (3-6)$$

$$DE_{kt} = \rho_{kt} \cdot \overline{F} \qquad\qquad (3-7)$$

其中，RE_{kt} 为 t 时刻分配给行政区域 A_k 的基本生态用水量，DE_{kt} 为 t 时刻 A_k 区域河流基本生态环境需水量，ρ_{kt} 为 t 时刻内 A_k 区域河流基本生态环境需水量占河流年平均流量的百分比，$\overline{F}$ 为河流多年平均流量。从式（3-7）中可以看出，参数 ρ_{kt} 的确定是计算的关键。研究表明，基本生态环境需水量与年平均流量的关系如表3.1所示。从中发现，ρ_{kt}值越大，河流基本生态环境用水量所起作用的程度越大。十八大以来，生态文明建设被列为我国的重点发展目标之一，体现了生态环境在我国各项建设中的突出地位。在此背景下，本书认为，我国的水资源分配应保证河流基本生态环境用水量所起作用程度处于"好"以上等级。

表 3.1　　河流基本生态环境需水量与年平均流量的关系

河流基本生态环境用水量所起作用的程度	河流基本生态环境需水量占河流年平均流量的百分比（%）	
	10 月~次年 3 月	4 月~9 月
最差	< 10	< 10
差	10	10
中	10	30
好	20	40
非常好	30	50
极好	40	60
最好	60 ~ 100	60 ~ 100

（3）粮食安全保障原则

我国人口多、粮食消费量大，粮食安全对于社会稳定与发展非常重要。为了保证我国的粮食安全，稳定的农业灌溉用水是必不可少的重要手段之一。因此，粮食安全保障原则同样具有较高的优先级。在流域水量充沛时，应全额保证粮食安全用水；在水资源短缺的情况下，在优先保障基本粮食生产用水水量时，应根据流域实际情况，合理确定分水份额。

基本粮食保障用水总量可以根据地区基本粮食生产指标、平均粮食亩产及灌溉定额来计算。其分配模型如下式所示：

$$RC_{kt} = a_t \cdot DC_{kt} \tag{3-8}$$

$$DC_{kt} = d_{ktcrop} \cdot crop_k \tag{3-9}$$

其中，RC_{kt} 为 t 时刻分配给行政区域 A_k 的基本粮食保障用水量，DC_{kt} 为 t 时刻 A_k 区域河流基本粮食生产需水量，a_t 为 t 时刻内全流域基本粮食用水保障程度，原则上要求流域基本粮食用水保障程度要大于 95%。d_{ktcrop} 为 t 时刻内行政区域 A_k 单方粮食生产需水量，$crop_k$ 为行政区域 A_k 要求的基本粮食生产量。

通过上述分析 t 时刻 A_k 区域的基本用水量为：

$$RA_{kt} = RL_{kt} + RE_{kt} + RC_{kt} = DA_{kt} = DL_{kt} + DE_{kt} + a \cdot DC_{kt} \quad (3-10)$$

式（3-10）中，RA_{kt} 为 t 时刻分配给 A_k 区域的基本用水量，DA_{kt} 为 t 时刻 A_k 区域的基本需水量。

总的来看，基本用水原则是流域内人民基本生存条件的有力保障，是一种刚性原则，必须优先满足。因此，在进行初始水量分配时，应该将该部分水量从可用水资源总量中减去，对剩余水量再进行分配。数学上，可分配水量可以表示为：

$$R_t = RT_t - \sum_{k=1}^{K} RA_{kt}$$

$$= RT_t - RL_t - RE_t - RC_t$$

$$s.t. \quad RL_t = \sum_{k=1}^{K} RL_{kt}$$

$$RE_t = \sum_{k=1}^{K} RE_{kt}$$

$$RC_t = \sum_{k=1}^{K} RC_{kt} \quad (3-11)$$

式（3-11）中，K 为流域内行政区域数量。RT_t 为 t 时刻整个流域的水资源总量，R_t 为 t 时刻整个流域的可用水资源量。

3. 公平原则及数学表示

公平原则是流域水资源分配的基本要求，是判断初始水量分配活动能否被用水主体所认可的关键依据。在多数情况下，公平与效益原则是相互矛盾的，从法律和伦理的角度来说，在水资源分配过程中，公平原则应该优先于效益原则。公平原则相对较为复杂，主要体现在两个方面：一是公平原则在水资源分配中所起的作用较大，直接影响到分水方案的可接受程度。二是对于公平性的衡量没有固定的规则和标准，量化的难度较大。本书主要从以下三个方面对公平原则进行考虑。

（1）水源地优先原则

水资源的分布具有一定的地域性，不同的地区对水资源的贡献度不同，水源地所在地区能够为流域提供大量优质的水资源，而支流所在地区则对整个流域的水资源总量贡献较小。因此，基于"投入与回报"的逻辑关系，在配置过程中，应遵循水源地优先原则。

水源地及流域上游具有天然的取水优势，一般占用水量的比例较高。水源地优先原则符合流域现状用水秩序，是公平原则所考虑的内容之一。它要求按照各区产水量进行分配，各地区所获得的水量与其产水量的比例一致。其数学表达式为：

$$\min\left(\frac{R_{kt}}{C_{kt}}\right) \Big/ \max\left(\frac{R_{kt}}{C_{kt}}\right) = 1 \qquad (3-12)$$

式（3-12）中，R_{kt} 为 t 时刻行政区域 A_k 的分配水权量，C_{kt} 为 t 时刻行政区域 A_k 的产水量。

（2）占用优先原则

在人类历史的演进过程当中，人们为了获取水资源，最终通过协商、谈判等方式确定了各自的分水比例。尽管所确定的取水比例可能存在诸多不合理因素，但它是经过历史演进而来的，具有一定的科学性和稳定性，并且这一分配格局往往已经成为约定俗成的规矩，被广大用水主体所认可。因此，基于"先入为主"的思维特点，在配置过程中，应遵循占用优先原则。

占用优先原则指基于现状实际用水比例进行水量分配，来尽量保持水资源的原有分配格局。该原则是被国内外广泛认可的一项最基本也是最重要的水量分配原则，其原因主要有两个：一是符合西方物权法的精神和一般的人类伦理逻辑；二是有利于降低因水资源大规模重新调整而引发冲突的风险，实施的社会成本较小。因此，占用优先原则也是我国在进行初始水量分配时应该遵循的一个重要原则。

占用优先原则要求各区域的分配水量与现状耗水比例均一致，以实现按各区现状用水量比例进行分配。其数学表达式为：

$$\min\left(\frac{R_{kt}}{O_{kt}}\right)\Big/\max\left(\frac{R_{kt}}{O_{kt}}\right)=1 \qquad (3-13)$$

式（3-13）中，O_{kt} 为 t 时刻行政区域 A_k 的现状用水量。

（3）人口优先原则

水资源是人类生存和发展不可或缺的自然资源和必备物资。人的因素，尤其是人口数量是水资源分配中必须要考虑的因素。人多，则意味着消耗的水多，应分得较多的水。因此，基于"以人为本"这一科学发展观核心，在配置过程中，应遵循人口优先原则。

人口优先原则要求按照各区域人口比例进行分配，以保证各地区人均水量一致。其数学表达式为：

$$\min\left(\frac{R_{kt}}{P_{kt}}\right)\Big/\max\left(\frac{R_{kt}}{P_{kt}}\right)=1 \qquad (3-14)$$

式（3-14）中，P_{kt} 为 t 时刻行政区域 A_k 的人口总量。由于人口具有流动性，这里更多指的是现居住人口总量。

4. 效益原则及数学表示

效益原则反映的是水资源的用水效益，主要体现为水资源利用所产生的经济效益，可采用地区 GDP 产值这个指标来反映。对于地方政府来说，更关注于宏观意义上的用水效益，因此，地区 GDP 产值可以通过单方水 GDP 产值与地区生产性用水（排除掉粮食生产用水）总量的乘积来计算。用水效益可数学表示为：

$$B_{kt}=b_{kt}\cdot R_{kt} \qquad (3-15)$$

式（3-15）中，R_{kt} 为 t 时刻行政区域 A_k 的 GDP 产值，b_{kt} 为 t 时刻行政区域 A_k 单方水 GDP 产值。

在初始水量配置阶段，效益原则是一种弹性原则，优先级低于基本用水原则和公平原则，体现为：在满足基本用水原则和公平原则的前提下，追求水资源的配置效益。

5. 用水主体满意度原则及数学表示

水资源配置方案不仅要满足理论上的合理性，更要保证方案在实际操作过程中的可行性。操作的可行性可解释为：当用水主体对方案满意程度较高时，对方案的执行程度较高，可操作性较强；对方案满意程度较低时，对方案的执行程度较低，可操作性不强。本书定义用水主体满意度这个概念来刻画用水主体对于分水方案的满意程度，它反映的是有限理性的用水主体从自身利益角度考虑，对分水方案的一种主观评价，其实质是，在水资源分配过程中，充分尊重用水主体的利益表达，提供用水主体的利益诉求渠道，旨在保证分水方案的可接受性和可执行性。

通常情况下，满意度 S 可以用如下线性函数表示：

$$S = \begin{cases} 0, & f < f_{\min} \\ \dfrac{f - f_{\min}}{f_{\max} - f_{\min}}, & f_{\min} < f < f_{\max} \\ 1, & f \geqslant f_{\max} \end{cases} \quad (3-16)$$

式（3-16）中，f 为研究问题所关注的目标函数。$f_{\min}$ 是目标函数的最小值，$f_{\max}$ 是目标函数的最大值。通常情况下，这两个值可以采用优化方法来得出，但是对于一些无法用模型表示的问题，这些值通常是经验所得或是专家判断所得。

具体到水资源分配问题，用水主体在评价一个分水方案时，主要通过比较分配的水量和需水量，或是比较实际用水效益与期望用水效益，来做出衡量和判断。因此，用水主体满意度可分别从这两个角度来量化。

从分配水量和需水量的角度，定义用水主体满意度：

$$S_{kt} = \begin{cases} 0, & R_k \\ \dfrac{R_{kt} - D_{\min kt}}{D_{\max kt} - D_{\min kt}}, & D_{\min kt} < R_{kt} \\ 1, & R_{kt} \geqslant 1 \end{cases} \quad (3-17)$$

式（3 - 17）中，S_{kt} 为 t 时刻行政区域 A_k 的用水主体满意度，D_{minkt} 为 t 时刻行政区域 A_k 的最低需水量，D_{maxkt} 为 t 时刻行政区域 A_k 的最高需水量。

从实际用水效益与期望用水效益的角度，定义用水主体满意度：

$$S_{kt} = \begin{cases} 0, & B_{kt} < B_{minkt} \\ \dfrac{B_{kt} - B_{minkt}}{B_{maxkt} - B_{minkt}}, & B_{minkt} < B_{kt} < B_{maxkt} \\ 1, & B_{kt} \geqslant B_{maxkt} \end{cases} \quad (3 - 18)$$

式（3 - 18）中，B_{kt} 为 t 时刻行政区域 A_k 的最低用水效益，B_{minkt} 为 t 时刻行政区域 A_k 的最低用水效益，B_{maxkt} 为 t 时刻行政区域 A_k 的最高用水效益。

从式（3 - 17）和式（3 - 18）可以看出，对于水资源配置问题，在计算用水主体满意度时，需要事先确定用水主体需水量或用水效益的最小值和最大值。由于用水主体满意度模拟和量化的是用水主体在分水协商中对于配置方案的主观感受和判断，因此，这里的最小值和最大值指的是用水主体对于需水量或用水效益的最低期望值和最高期望值。但是，由于人的"利己"属性，行为主体在上报需水量或用水效益时，总是更倾向于向有利于自己的方向考虑，甚至以虚报信息的形式，尽可能地多得到水，实现自身利益的最大化。因此，在量化用水主体满意度时，如果仅以行为主体上报的数据信息来进行计算，往往会造成用水主体满意度失真，造成分水方案的偏差。为了平衡这种偏差，减少行为主体片面性给分水全局带来的不利影响，D_{minkt}、D_{maxkt}、B_{minkt}、B_{maxkt} 这些参数（后面通称为基准参数）的确定除了应体现用水主体的个人意愿外，还应加入政策主体的客观判断，即较为合理的基准参数取值应该是主观数值与客观数值的加权平均值。其中，这些客观数值可以由政策主体根据基准年信息获得，也可以是根据需水预测模型获得。在用水主体满意度函数中，修订后的 D_{minkt}、D_{maxkt}、B_{minkt} 和 B_{maxkt} 参数可以表示为：

$$D_{minkt} = a \cdot D^u_{minkt} + (1 - a) \cdot D^l_{minkt}$$

$$D_{\text{max}kt} = a \cdot D_{\text{max}kt}^{u} + (1 - a) \cdot D_{\text{max}kt}^{l}$$

$$B_{\text{min}kt} = a \cdot B_{\text{min}kt}^{u} + (1 - a) \cdot B_{\text{min}kt}^{l}$$

$$B_{\text{max}kt} = a \cdot B_{\text{max}kt}^{u} + (1 - a) \cdot B_{\text{max}kt}^{l} \qquad (3-19)$$

式（3-19）中，$D_{\text{min}kt}^{u}$ 和 $D_{\text{max}kt}^{u}$ 分别为水资源配置政策主体所认为的区域 A_k 的最小需水量和最大需水量。$D_{\text{min}kt}^{l}$ 和 $D_{\text{max}kt}^{l}$ 分别为区域 A_k 用水主体自认为的最小需水量和最大需水量。$B_{\text{min}kt}^{u}$ 和 $B_{B\text{max}kt}^{u}$ 分别为分水主体所认为的区域 A_k 的最低用水效益和最高用水效益。$B_{\text{min}kt}^{l}$ 和 $B_{\text{max}kt}^{l}$ 分别为区域 A_k 用水主体自认为的最低用水效益和最高用水效益。a 为分水主体的干预参数。由于用水主体满意度原则反映的是用水主体的参与和协商作用，因此，通常情况下，基准参数取值应更多反映的是用水主体的意愿和判断，参数中主观部分的权重应高于客观部分，即 $a \in [0, 0.5]$。同时，权重的确定应根据用水主体的性格特点、道德品质、认知水平、大局意识等因素来合理调节。若用水主体大局意识、协商合作主动性较强，应尽量减小配置主体的干预力度，将 a 取值减小；相反，若用水主体个人主义较强，倾向于过分夸大用水需求时，可以适当加强配置主体的干预力度，将 a 取值调大，从而避免其他用水主体利益的受损。

在对用水主体满意度内容研究及定量的基础上，对其如何在区域间水资源满意配置中应用进行探讨。通常情况下，用水主体在决定是否认可分水方案时，主要从两个方面考虑。一是用水主体从自身角度出发，考虑个体利益和诉求是否得到一定程度的保障和解决，即用水主体满意度需高于最低满意度。二是用水主体间横向比较时，各用水主体的满意度应基本满足协调均衡的要求，即各用水主体应能感受到分水方案对于每个主体都是平等、公平的。从上述两个方面考虑，在模型中，将用水主体满意度原则抽象为用水主体满意度约束，构建两个约束函数。

第一个约束函数要求分水方案的各主体满意度应大于最低满意度阈值，称为最低满意度约束，其数学表达式为：

$$S_{kt} \geqslant S_{t0} \tag{3-20}$$

式（3-20）中，S_{t0} 为流域管理机构规定的各行政区域 t 时刻最低满意度。

第二个约束函数要求各用水主体满意度的协调性偏差应控制在一个较小的范围内，称为满意度平衡约束。当仅考虑用水主体间的平等性时，其数学表达式为：

$$|S_{kt} - S_{jt}| \leqslant \varepsilon \tag{3-21}$$

式（3-21）中，S_{jt} 为 t 时刻行政区域 A_j 的用水主体满意度，且 $j \neq k$。ε 为满意度平衡误差。

6. 区域间水资源优化配置模型构建

在流域水资源配置活动中，流域管理机构首先将可用水资源总量在流域内各区域地方政府间进行帕累托优化配置，所构建的模型称为区域间水资源优化配置模型。

（1）模型变量与参数

区域间水资源优化配置需要确定的是流域内各地方政府所拥有的初始水量，优化变量 R_{kt} 为 t 时刻行政区域 A_k 从流域获得的除该区域基本用水 RA_{kt} 外的水量。

其他变量包括：

RT_t：t 时刻整个流域的可用水资源总量

RL_t：t 时刻整个流域的基本生活水量

RE_t：t 时刻整个流域的基本生态水量

RC_t：t 时刻整个流域的基本粮食水量

RA_{kt}：t 时刻行政区域 A_k 的基本用水量

C_{kt}：t 时刻行政区域 A_k 的产水量

O_{kt}：t 时刻行政区域 A_k 的现状用水量

P_{kt}：t 时刻行政区域 A_k 的人口总量

b_{kt}：t 时刻行政区域 A_k 单方水 GDP 产值

S_{kt0}：t 时刻行政区域 A_k 的最低满意度阈值

ε_1：地方政府间满意平衡度误差

（2）目标函数

流域机构从流域全局利益考虑出发，对区域地方政府拥有的初始水量进行确定，不仅要实现经济效益最大化，同时也要实现流域的社会效益最大化。因此，区域间水资源优化配置的目标应包括两个方面：一是经济效益，主要指整个流域的综合经济效益。二是社会效益，主要指水资源配置活动的和谐程度及用水主体的水短缺程度。根据已有的研究成果，经济效益可以通过 GDP 或产值来进行量化。社会效益的量化存在一定的困难，根据建设和谐社会的发展思路，水资源配置活动的和谐程度是影响分水方案能否得到用水主体认可并执行的关键因素，起着决定分水方案可行性的基础作用。本书将社会效益的含义解释为社会的和谐度，在水资源配置中体现为对流域的水资源短缺程度及地方政府对区域间水资源配置方案的满意度进行考虑。综合来看，对经济效益、社会效益的综合考虑在区域间水资源优化配置模型中表现为对经济效益最大化、社会效益最大化、用水主体满意度最大化的实现。根据前面对流域水资源分配原则的分析和量化，在保证基本用水需求（包括生态基本用水需求、人类生活和粮食生产基本用水）的基础上，以水资源配置活动的经济效益最大化和缺水率最小化作为目标，将用水主体满意度原则作为约束条件，构建区域间水资源优化配置模型。

区域间水资源优化配置模型的目标包括经济效益和缺水率两个方面。其中，经济效益可以表示为：

$$B_t = \sum_{k=1}^{K} B_{kt} = \sum_{k=1}^{K} b_{kt} \cdot R_{kt} \qquad (3-22)$$

式（3－22）中，B_t 为 t 时刻整个流域的经济效益，为流域内所有行政区域经济效益之和。流域管理机构进行水资源配置时，追求经济效益的最大化，用数学公式表示为：

$$\max B_t = \max \sum_{k=1}^{K} B_{kt} = \max \sum_{k=1}^{K} b_{kt} \cdot R_{kt} \qquad (3-23)$$

缺水率可以表示为：

$$F_t = \max(F_{kt}) = \max\left(\frac{D_{kt} - R_{kt}}{D_{kt}}\right) \qquad (3-24)$$

式（3-24）中，F_t 为 t 时刻整个流域的缺水率，F_{kt} 为 t 时刻行政区域 A_k 的缺水率。D_{kt} 为 t 时刻行政区域 A_k 的需水量，且 $D_{kt} = (D_{\min kt} + D_{\max kt})/2$。在该模型中，用各行政区域中最大缺水率来表示整个流域的缺水率。流域管理机构的目标是保证整个流域缺水率最小，其数学表达式为：

$$\min F_t = \min\left[\max(F_{kt})\right] = \min\left[\max\left(\frac{D_{kt} - R_{kt}}{D_{kt}}\right)\right] \qquad (3-25)$$

将两个目标函数进行加权平均，整合为一个目标函数。要对两个目标函数进行数量级的统一，首先应对经济效益函数进行标准化处理，结果如下：

$$SB_t = \frac{\sum_{k=x}^{K} b_{kt} \cdot R_{kt}}{\max(b_{kt}) \cdot R_t} \qquad (3-26)$$

然后，将经济效益目标函数转变为取小型函数：

$$\min - SB_t = -\frac{\sum_{k=x}^{K} b_{kt} \cdot R_{kt}}{\max(b_{kt}) \cdot R_t} \qquad (3-27)$$

最终可建立如下单一形式的目标函数：

$$\min[\beta \cdot F_t - (1-\beta) \cdot SB_t]$$

$$= \min\left[\beta \cdot \max\left(\frac{D_{kt} - R_{kt}}{D_{kt}}\right) - (1-\beta) \cdot \frac{\sum_{k=x}^{K} b_{kt} \cdot R_{kt}}{\max(b_{kt}) \cdot R_t}\right] \qquad (3-28)$$

式（3-28）中，β 为缺水率函数对应的权重，$\beta \in [0, 1]$，其值可以根据配置主体对社会效益和经济效益两个指标的侧重程度来确定。

（3）约束条件

分水原则是水资源配置的依据，根据前面对基本用水保障原则、公平原则和用水主体满意度原则的量化，构建区域间水资源优化配置模型的约束函数。

①基本约束

基本约束对应于基本用水保障原则，可以表示为：

$$RL_{kt} = DL_{kt}$$

$$RE_{kt} = DE_{kt}$$

$$RC_{kt} = \alpha_t \cdot DC_{kt}$$

$$R_t = RT_t - \sum_{k=1}^{K} RA_{kt}$$

$$= RT_t - RL_t - RE_t - RC_t \qquad (3-29)$$

②物理约束

流域内各行政区所分的水量之和小于流域的可分水量。

$$\sum_{k=1}^{K} R_{kt} \leqslant R_t \qquad (3-30)$$

③用水主体满意度约束

根据前面分析，水资源配置除了需满足基本约束和物理约束外，还应满足公平性约束和用水主体满意度约束。

公平性约束具体包括以下三个约束函数，分别对应于水源地优先原则、占用优先原则和人口优先原则。

$$\min\left(\frac{R_{kt}}{C_{kt}}\right) \Big/ \max\left(\frac{R_{kt}}{C_{kt}}\right) = 1$$

$$\min\left(\frac{R_{kt}}{O_{kt}}\right) \Big/ \max\left(\frac{R_{kt}}{O_{kt}}\right) = 1$$

$$\min\left(\frac{R_{kt}}{P_{kt}}\right) \Big/ \max\left(\frac{R_{kt}}{P_{kt}}\right) = 1 \qquad (3-31)$$

用水主体满意度约束包括最低满意度约束和满意度平衡约束：

$$S_{kt} \geqslant S_{t0}$$

$$|S_{kt} - S_{jt}| \leqslant \varepsilon_1 \qquad (3-32)$$

若直接将公平性约束、用水主体满意度约束作为模型的约束条件，会产生两个问题：一是公平性约束为严格的等式约束，可能造成整个模型不可解。二是满意度平衡约束过于强调平等性，而忽视了资源配置的合理性和高效性。从资源配置的角度看，满意度平衡不能是一味地满足分水方案满意度的绝对一致，而应该基于流域整体效益的考虑，允许各区域间存在一定的差异。鉴于此，考虑到模型的可解性以及水量配置的平等性和差异性，对公平性约束和满意度约束进行整合处理。

整合思路为：将用水主体满意度看成是两部分之和，一部分是最低满意度，是各用水主体必须满足的满意度，它强调的是水资源分配的平等性，避免地区间水量分配的两极分化；另一部分是差异满意度，体现的是水量分配的差异性，它应该与各地区的决策权重成正比关系。地区的决策权重指的是该地区在水资源分配活动中的地位重要性，而公平性原则能够从客观上反映各地区在水资源分配中的优先性，即相对重要性。因此，可以依据公平性约束，来确立各地区的决策权重。

基于以上思路，本书将公平性约束和满意度约束进行了整合处理，对约束函数进行了如下修改。

首先，采用公平性原则，确定行政区域 A_k 的决策权重 ω_{kt}。其中，水源地决策权重可表示为：

$$\gamma_{ckt} = \frac{C_{kt}}{\sum_{k=1}^{K} C_{kt}} \qquad (3-33)$$

水资源占用决策权重可表示为：

$$\gamma_{Okt} = \frac{O_{kt}}{\sum_{k=1}^{K} O_{kt}} \qquad (3-34)$$

人口决策权重可表示为：

$$\gamma_{Pkt} = \frac{P_{kt}}{\sum_{k=1}^{K} P_{kt}} \qquad (3-35)$$

区域地方政府 A_k 的决策权重 ω_{kt} 应该是上述三类决策权重的加权平均，其数学表达式为：

$$\omega_{kt} = \theta_{Ct} \cdot \gamma_{ckt} + \theta_{Ot} \cdot \gamma_{Okt} + \theta_{Pt} \cdot \gamma_{Pkt} \qquad (3-36)$$

式（3-36）中，θ_{Ct}、θ_{Ot} 和 θ_{Pt} 分别为水源地优先原则、占用优先原则和人口优先原则在整个决策权重中所占的比重，需根据当地水资源分配实情决定，θ_{Ct}、θ_{Ot} 和 θ_{Pt} 需满足：

$$\theta_{Ct} + \theta_{Ot} + \theta_{Pt} = 1 \qquad\qquad (3-37)$$

其次，根据实际情况，选定最低满意度 S_{t0}，并根据差异满意度之比等于决策权重之比，将满意度平衡约束改进为：

$$\left| \frac{S_{kt} - S_{t0}}{\omega_{kt}} - \frac{S_{jt} - S_{t0}}{\omega_{jt}} \right| \le \varepsilon_1, \quad k \ne j \qquad (3-38)$$

式（3-38）中，ω_{kt} 为行政区域 A_k 的决策权重，ω_{jt} 为行政区域 A_j 的决策权重，ε_1 为误差系数，取近似于 0 的极小正数。

继而，结合公平性约束改进的用水主体满意度约束可以表示为以下约束函数，称为用水主体满意度约束函数：

$$S_{kt} \ge S_{t0}$$

$$\left| \frac{S_{kt} - S_{t0}}{\omega_{kt}} - \frac{S_{jt} - S_{t0}}{\omega_{jt}} \right| \le \varepsilon_1 \qquad\qquad (3-39)$$

（4）区域间水资源优化配置模型

在对目标函数和约束条件确定的基础上，构建区域间水资源优化配置模型如下：

$$\min \left[\beta \cdot \max\left(\frac{D_{kt} - R_{kt}}{D_{kt}} \right) - (1-\beta) \cdot \frac{\sum_{k=x}^{K} b_{kt} \cdot R_{kt}}{\max(b_{kt}) \cdot R_t} \right]$$

$$s.t. \begin{cases} RL_{kt} = DL_{kt} \\ RE_{kt} = DE_{kt} \\ RC_{kt} = \alpha_t \cdot DC_{kt} \\ R_t = RT_t - RL_t - RE_t - RC_t \\ \sum_{k=1}^{K} R_{kt} \le R_t \\ S_{kt} \ge S_{t0} \\ \left| \dfrac{S_{kt} - S_{t0}}{\omega_{kt}} - \dfrac{S_{jt} - S_{t0}}{\omega_{jt}} \right| \le \varepsilon_1 \\ 0 \le \beta \le 1 \end{cases} \qquad (3-40)$$

二 区域内水资源优化配置模型

1. 区域内水资源优化配置的基本思路

首先，区域内水资源优化配置应以区域间水资源优化配置结果为前提，并且在区域地方政府进行分水时，需要各行业用水主体参与分水协商，以增加区域内分水方案的可接受性。

其次，区域内水资源分配应遵循基本用水保障原则、效益原则、公平原则和用水主体满意度原则。其中，区域 A_k 内基本用水是区域内人民基本生活的有效保障，必须优先满足。效益原则是为了保证水资源利用效益最大化，这里的效益既包括经济效益也包括社会效益。公平原则是站在区域政府的角度来考量分水行为的公平性。用水主体满意度原则是站在各用水行业的角度来分析分水行为的可接受性。

最后，按照产业结构，将区域内行业分为农业、工业和服务业。农业和工业的耗水量相对较大，因此，本书主要将行业用水简化为农业灌溉用水、工业生产用水，即在配置模型中主要考虑农业和工业两大产业。

2. 区域内水资源优化配置模型

在区域间水资源优化配置方案的基础上，各区域地方政府对从流域管理机构获得的初始水量在区域内各行业用水主体之间进行分配，该分配称为区域内水资源优化配置，所构建的模型称为区域内水资源优化配置模型。模型的建立是对分水原则的量化和数学表示，目的是确定最优的分水方案。因此，分水原则应体现在模型的各个方面。与区域间水资源分配类似，这里采用目标函数来实现效益原则，用约束函数来实现和体现基本用水保障原则、公平原则和用水主体满意度原则。

（1）模型变量与参数

区域内水资源配置指的是流域内各区域地方政府内部的水资源配置活动，即流域内的 K 个行政区地方政府 A_k，$k \in [1, K]$ 对各自区域内各行业用水主体拥有的初始水量进行确定。因此，优化变量

为 R_{kht}（$h=1$，2，3，4，5），为 t 时刻行政区域 A_k 内各行业主体拥有的分配水量。

其中，R_{k1t} 为行政区域 A_k 内农业分配水量，R_{k2t} 为行政区域 A_k 内工业分配水量，R_{k3t} 为行政区域 A_k 内基本生活水量，R_{k4t} 为行政区域 A_k 内基本粮食保障水量，R_{k5t} 为行政区域 A_k 内基本生态水量。

其他变量包括：

RA_{kt}：t 时刻行政区域 A_k 从流域获得的基本用水量

R_{kt}：t 时刻行政区域 A_k 从流域获得的除基本用水之外的水量

RL_{kt}：t 时刻行政区域 A_k 的基本生活分配的水量

RE_{kt}：t 时刻行政区域 A_k 的基本生态分配的水量

RC_{kt}：t 时刻行政区域 A_k 的基本粮食生产分配的水量

DL_{kt}：t 时刻行政区域 A_k 的基本生活需水量

DE_{kt}：t 时刻行政区域 A_k 的基本生态需水量

DC_{kt}：t 时刻行政区域 A_k 的基本粮食生产需水量

D_{k1t}：行政区域 A_k 内农业灌溉需水量

D_{k2t}：行政区域 A_k 内工业生产需水量

D_{k3t}：行政区域 A_k 内基本生活需水量

D_{k4t}：行政区域 A_k 内基本粮食保障需水量

D_{k5t}：行政区域 A_k 内基本生态需水量

b_{kht}：t 时刻行政区域 A_k 内行业 h 单方水的经济效益

BH_{kt}：t 时刻整个行政区域 A_k 的经济效益

S_{kht0}：t 时刻行政区域 A_k 内行业 h 的最低满意度

ε_2：满意平衡度误差

（2）需水量计算

①区域基本用水需水量计算

区域内基本生活用水、基本生态环境用水、粮食安全保障用水跟区域间水资源满意配置模型中的计算相同。

②农业灌溉需水量计算

不同的地区有不同的种植结构，结合具体农作物及其种植面积的灌水定额，计算农业灌溉需水量公式为：

$$D_{k1t} = \frac{SAGR_{kt} \cdot AGR_{kt}}{\varphi_{kt}} \qquad (3-41)$$

其中，D_{k1t} 为 t 时段 A_k 区域灌溉需水量，$SAGR_{kt}$ 为 t 时段 A_k 区域需要灌溉的面积，AGR_{kt} 为灌溉用水定额，φ_{kt} 为渠系有效利用系数。

③工业生产需水量计算

$$D_{k2t} = \frac{GDP_{kt} \cdot INT_{kt}}{\tau_{kt}} \qquad (3-42)$$

其中，D_{k2t} 为 t 时段 A_k 区域工业生产需水量，GDP_{kt} 为 t 时段 A_k 区域工业生产产值（单位：万元），INT_{kt} 为 t 时段 A_k 区域万元产值用水定额，τ_{kt} 为 t 时段 A_k 区域工业生产单位用水利用率。

（3）目标函数

地方政府 A_k 从区域全局利益考虑出发，对区域内的水资源分配不仅要实现区域经济效益最大化，同时也要实现流域的社会效益最大化。区域 A_k 的经济效益为农业和工业用水效益之和。社会效益与区域间初始水量配置相对应，用区域内行业用水主体的水资源短缺程度来衡量。

区域 A_k 内行业用水主体的经济效益可以表示为：

$$BH_{kt} = \sum_h b_{kht} \cdot R_{kht} \qquad (3-43)$$

式（3-43）中，BH_{kt} 为 t 时刻整个区域 A_k 的经济效益，为区域内各行业经济效益之和，主要包括农业和工业用水效益。地方政府 A_k 追求经济效益最大化，数学表达式为：

$$\max BH_{kt} = \sum_h b_{kht} \cdot R_{kht} \qquad (3-44)$$

区域 A_k 内行业用水主体的缺水率为：

$$FH_{kt} = \max(FH_{kht}) = \max\left(\frac{D_{kht} - R_{kht}}{D_{kht}}\right) \qquad (3-45)$$

式（3-45）中，FH_{kt} 为 t 时刻区域 A_k 的整体缺水率，FH_{kht} 为 t 时刻行政区域 A_K 内各行业的缺水率。D_{kht} 为 t 时刻行政区域 A_k 内各行业的需水量，且 $D_{kht} = (D_{minkht} + D_{maxkht})/2$。在该模型中，用各行业中最大缺水率来表示整个区域的缺水率。区域地方政府的目标是保证整个区域的缺水率最小，其数学表示为：

$$\min FH_{kt}\left[\max(FH_{kht})\right] = \min\left[\max\left(\frac{D_{kht} - R_{kht}}{D_{kht}}\right)\right] \tag{3-46}$$

将两个目标函数进行加权平均，整合为一个目标函数。要对两个目标函数进行数量级的统一，首先应对经济效益函数进行标准化处理，结果如下：

$$SBH_{kt} = \frac{\sum_{h=1}^{2} b_{kht} \cdot R_{kht}}{\max(b_{kht}) \cdot R_{kt}} \tag{3-47}$$

然后，将经济效益目标函数转变为取小型函数：

$$\min SBH_{kt} = -\frac{\sum_{h=1}^{2} b_{kht} \cdot R_{kht}}{\max(b_{kht}) \cdot R_{kt}} \tag{3-48}$$

最终可建立如下单一形式的目标函数：

$$\min\left[\beta_k \cdot FH_{kt} - (1 - \beta_k) \cdot SBH_{kt}\right]$$

$$= \min\left[\beta_k \cdot \max\left(\frac{D_{kht} - R_{kht}}{D_{kht}}\right) - (1 - \beta_k) \cdot \frac{\sum_{h=1}^{2} b_{kht} \cdot R_{kht}}{\max(b_{kht}) \cdot R_{kt}}\right]$$

$$\tag{3-49}$$

式（3－49）中，β_k 为各行业缺水率函数对应的权重，$\beta_k \in [0, 1]$，其值可以根据配置主体区域地方政府 A_k 对缺水率和经济效益两个指标的侧重程度来确定。

（4）约束条件

对应于基本用水保障原则、公平原则和用水主体满意度原则，该模型应包括三个方面的约束。

①基本约束

在区域间水资源优化配置模型中，已经对流域内各地方政府的基本用水进行优先足额配置，因此在区域内水资源优化配置中，地方政府对基本用水这部分需水量的分配只需要依据流域机构分配给本区域的基本用水进行等量分配即可，见下式：

$$RA_{kt} = R_{k3t} + R_{k4t} + R_{k5t}$$

$$R_{k3t} = DL_{kt} = RL_{kt}$$

$$R_{k4t} = DC_{kt} = RC_{kt}$$

$$R_{k5t} = DE_{kt} = RE_{kt} \tag{3-50}$$

②物理约束

行政区内各行业所分的水量之和小于区域从流域管理机构获得的可分水量。

$$\sum_{h=1}^{2} R_{kht} \leqslant R_{kt} \tag{3-51}$$

③区域内行业用水主体满意度约束

与区域间水资源优化配置中用水主体满意度定义类似，通过比较分配所获得的水量和需水量，或是比较实际用水效益与期望用水效益，对区域内行业用水主体满意度进行定义的。

从水资源分配量和需水量的角度，定义行业用水主体满意度：

$$S_{kht} = \begin{cases} 0, & R_{kht} < L \\ \dfrac{R_{kht} - D_{minkht}}{D_{maxkht} - D_{minkht}}, & D_{minkht} < R_{kht} < R_{kht} \geqslant D_{maxi} \end{cases} \tag{3-52}$$

式（3-52）中，S_{kht} 为 t 时刻行政区域 A_k 内行业用水主体 h 的满意度，D_{minkht} 为 t 时刻行业用水主体 h 的最低需水量，D_{maxkht} 为 t 时刻行业用水主体 h 的最高需水量。

从实际用水效益与期望用水效益的角度，定义行业用水主体满意度：

$$S_{kht} = \begin{cases} 0, & B_{kht} < B_{minkht} \\ \dfrac{B_{kht} - B_{minkht}}{B_{maxkht} - B_{minkht}}, & B_{minkht} < B_{kht} < B_{maxkht} \\ 1, & B_{kht} \geqslant B_{maxkht} \end{cases} \tag{3-53}$$

式（3-53）中，B_{kht} 为 t 时刻行政区域 A_k 内行业用水主体 h 的最低用水效益，B_{minkht} 为 t 时刻行业用水主体 h 的最低用水效益，B_{maxkht} 为 t 时刻行业用水主体 h 的最高用水效益。

为了减少行业在分水过程中的自利行为，这里同样引入地区政府 A_k 的客观判断，来对 D_{minkht}、D_{maxkht}、B_{minkht} 和 B_{maxkht} 参数进行修订：

$$D_{\mathrm{min}kht} = \alpha_2 \cdot D_{u\,\mathrm{min}kht} + (1 - \alpha_2) \cdot D_{l\,\mathrm{min}kht}$$

$$D_{\mathrm{max}kht} = \alpha_2 \cdot D_{u\,\mathrm{max}kht} + (1 - \alpha_2) \cdot D_{l\,\mathrm{max}kht}$$

$$B_{\mathrm{min}kht} = \alpha_2 \cdot B_{u\,\mathrm{min}kht} + (1 - \alpha_2) \cdot B_{l\,\mathrm{min}kht}$$

$$B_{\mathrm{max}kht} = \alpha_2 \cdot B_{u\,\mathrm{max}kht} + (1 - \alpha_2) \cdot B_{l\,\mathrm{max}kht} \qquad (3-54)$$

式（3-54）中，$D_{\mathrm{min}kht}$ 和 $D_{\mathrm{max}kht}$ 分别为地方政府主体 A_k 所认为的行业主体 h 的最小需水量和最大需水量。$D_{l\,\mathrm{min}kht}$ 和 $D_{l\,\mathrm{max}kht}$ 分别为区域 A_k 内行业主体 h 自认为的最小需水量和最大需水量。$B_{\mathrm{min}kht}$ 和 $B_{\mathrm{max}kht}$ 分别为地方政府主体 A_k 所认为的行业主体 h 的最低用水效益和最高用水效益。$B_{l\,\mathrm{min}kht}$ 和 $B_{l\,\mathrm{max}kht}$ 分别为区域 A_k 内行业主体 h 自认为的最低用水效益和最高用水效益。α_2 为分水主体的干预参数。

参考地区主体综合满意度约束函数形式，可定义行业主体满意度约束函数如下：

$$S_{kht} \geqslant S_{kt0}$$

$$\left| \frac{S_{k1t} - S_{st0}}{\omega_{k1t}} - \frac{S_{k2t} - S_{kt0}}{\omega_{k2t}} \right| \leqslant \varepsilon_2 \qquad (3-55)$$

式（3-55）中，S_{kt0} 为 t 时刻行政区域 A_k 内各行业需满足的最低满意度。ω_{k1t} 和 ω_{k2t} 分别为 t 时刻区域 A_k 内农业和工业在水权协商分配中的决策权重，在多主体协商的分水模式下，决策权重应与用水主体的差异满意度相协调。ε_2 为误差系数。

从式（3-55）可以看出，ω_{k1t} 和 ω_{k2t} 是构造满意度平衡约束函数的关键。为了确定 ω_{k1t} 和 ω_{k2t}，需要首先研究区域水资源的分配原则。地区在进行水资源分配时，通常需要根据目前的用水现状和以后的发展规划来进行分配，这些依据便形成了地区的分水原则。鉴于此，针对行业间水资源分配问题，采用两类分配原则，即占用优先原则和发展优先原则。

A. 占用优先原则

占用优先原则是根据水资源使用现状而形成的分水依据。该原则是基于人们"先入为主"的思维特点，在地区水资源分配过程中，基本维持现有的水资源使用现状，不做太大变动，旨在保证新的水权方案能够得到大家的理解和赞成，继而保障水资源分配工作的顺利开展。

占用优先原则要求各行业拥有的分配水量与现状耗水比例均一致，以实现按各行业现状用水量比例进行分配。其可以数学公式表示为：

$$\frac{R_{k1t}}{R_{k2t}} = \frac{O_{k1t}}{O_{k2t}} \qquad (3-56)$$

式（3-56）中，O_{k1t} 为 t 时刻行政区域 A_k 内农业的现状用水量，O_{k2t} 为 t 时刻行政区域 A_k 内工业的现状用水量。

B. 发展优先原则

发展优先原则是根据地区的发展规划而形成的分水依据。占用优先原则虽然能够反映一定的合理性，但是可能会因分水方案不科学，导致地区的水资源利用效率不高。因此，需要根据地区的合理规划，对水资源分配进行一定的调整。发展优先原则是从科学性方面，对占用优先原则所进行的补充和修正。目前，各地区都在进行产业结构优化调整，要求与之相关的生产资料发生相应的调整。水资源作为一类重要的生产资料，其分配方案必然要随着产业结构调整而发生调整。因此，地区在进行水资源分配时，要依据地区的发展规划，合理进行水资源分配，保证工农业结构比例合理，工农业用水效率高效。其中，这里的发展规划包括两个方面：一是水资源利用效率（用单方水产值来表示）规划，二是产业结构规划。通常情况下，产业结构可以用各产业规划产值总量的比例来表示。

发展优先原则要求各行业的分配水量与科学发展规划相一致。其数学表达式为：

$$\frac{R_{k1t}}{R_{k2t}} = \frac{G_{k1t}/e_{k1t}}{G_{k2t}/e_{k2t}} \qquad (3-57)$$

式（3-57）中，G_{k1t} 为 t 时刻行政区域 A_k 内农业的规划产值总量，G_{k2t} 为 t 时刻行政区域 A_k 内工业的规划产值总量。e_{k1t} 为 t 时刻行政区域 A_k 内农业的规划用水效率，e_{k2t} 为 t 时刻行政区域 A_k 内工业的规划用水效率。

综上所述，占用优先原则和发展优先原则分别从两个方面反映了区域水资源分配中各行业的优先性或重要性。占用优先决策权重可表示为：

$$\gamma_{skht} = \frac{O_{kht}}{\sum_{h=1}^{2} O_{kht}} \tag{3-58}$$

式（3-58）中，γ_{nkht} 为 t 时刻行政区域 A_k 内行业 h 的占用优先决策权重。$h=1$ 表示农业；$h=2$ 表示工业。

发展优先决策权重可表示为：

$$\gamma_{skht} = \frac{G_{kht}/e_{kht}}{\sum_{h=1}^{2} (G_{kht}/e_{kht})} \tag{3-59}$$

式（3-59）中，γ_{skht} 为 t 时刻行政区域 A_k 内行业 h 的发展优先决策权重。同样，$h=1$ 表示农业；$h=2$ 表示工业。

利用加权平均法，综合占用优先和发展优先原则，可以得出行业决策权重如下：

$$\omega_{kht} = \theta_n \cdot \gamma_{nkht} + \theta_s \cdot \gamma_{skht} \tag{3-60}$$

继而，可以得到该模型的行业主体满意度约束函数。

（5）数学模型

基于上述分析，区域内水资源优化配置模型可以表示为：

$$\min \left[\beta_k \cdot \max\left(\frac{D_{kht} - R_{kht}}{D_{kht}} \right) - (1 - \beta_k) \cdot \frac{\sum_{h=1}^{2} b_{kht} \cdot R_{kht}}{\max(b_{kht}) \cdot R_{kt}} \right]$$

$$s.t. \begin{cases} RA_{kt} = R_{k3t} + R_{k4t} + R_{k5t} \\ R_{k3t} = DL_{kt} = RL_{kt} \\ R_{k4t} = DC_{kt} = RC_{kt} \\ R_{k5t} = DE_{kt} = RE_{kt} \\ \sum_{h=1}^{2} R_{kht} \leqslant R_{kt} S_{kht} \geqslant S_{kt0} \\ \left| \frac{S_{k1t} - S_{st0}}{\omega_{k1t}} - \frac{S_{k2t} - S_{kt0}}{\omega_{k2t}} \right| \leqslant \varepsilon_2 \end{cases} \tag{3-61}$$

第三节　考虑公平的流域水资源帕累托
优化配置模型求解

一　算法设计

无论是区域间水资源优化配置模型，还是区域内水资源优化配置模型，目标函数和约束函数均较为复杂，且不连续，模型求解较为困难，需要对其求解方法进行重点研究。目前常见的两类算法为梯度算法和现代优化算法。梯度算法收敛速度快，计算效率较高，但计算结果容易受目标函数和初始点的影响，容易陷入局部最优，无法获得全局最优解。现代优化算法的优点是对优化的目标函数几乎没有限制，不要求目标函数具有连续性、可导性等，并且搜索能够同时考虑解空间的许多点，大大减小了搜索过程陷入局部最优的可能性，更易获取全局最优解，但这类方法的计算效率往往较低，在有限进化迭代次数情况下，计算精度可能无法保证。因此，采取任何一种单一的算法，都无法较好地求解该数学模型。

为了在保证较高精度的前提下，尽可能提高计算效率，本书中采用序列二次规划算法与遗传算法相结合的混合算法，结合两种算法的优点进行计算。

（1）序列二次规划算法

序列二次规划算法是在牛顿法的基础上发展而来的，它采用La-grange - Newton 法进行迭代，是一种综合性的算法，但是序列二次规划的结果是局部收敛，对于初始点的设置要求较高。

（2）遗传算法（Genetic Algorithm，GA）

遗传算法是模拟达尔文生物进化论的自然选择和遗传学机理的生物进化过程的计算模型，是一种通过模拟自然进化过程搜索最优解的方法。遗传算法是从代表问题可能潜在的解集的一个种群开始的，而一个种群则由经过基因编码的一定数目的个体组成。每个个体实际上是染色体带有特征的实体。染色体作为遗传物质的主要载体，即多个基因的集合，其内部表现是某种基因组合，它决定了个体的形状的外部表现，每个特征表现均是由染色体中控制这一特征的特定基因组合决定的。因此，在一开始需要实现从表现型到基因型的映射即编码工作。由于仿照基因编码的工作很复杂，我们往往进行简化，如二进制编码，初代种群产生之后，按照适者生存和优胜劣汰的原理，逐代演化产生出越来越好的近似解，在每一代，根据问题域中个体的适应度大小选择个体，并借助于自然遗传学的遗传算子进行组合交叉和变异，产生出代表新的解集的种群。这个过程将导致种群像自然进化一样的后生代种群比前代更加适应于环境，末代种群中的最优个体经过解码，可以作为问题近似最优解。

遗传算法具有以下特点：

一是从问题解的串集开始搜索，而不是从单个解开始。这是遗传算法与传统优化算法的极大区别。传统优化算法是从单个初始值迭代求最优解的，容易误入局部最优解。遗传算法从串集开始搜索，覆盖面大，利于全局择优。

二是同时处理群体中的多个个体，即对搜索空间中的多个解进行评估，减少了陷入局部最优解的风险，同时算法本身易于实现并行化。

三是基本上不用搜索空间的知识或其他辅助信息，而仅用适应度函数值来评估个体，在此基础上进行遗传操作。适应度函数不仅不受连续性的约束，而且其定义域可以任意设定。这一特点使遗传算法的应用范围大大扩展。

四是不是采用确定性规则，而是采用概率的变迁规则来指导它的搜索方向。

五是具有自组织、自适应和自学习性。遗传算法利用进化过程获得的信息自行组织搜索时，适应度大的个体具有较高的生存概率，并获得更适应环境的基因结构。

六是算法本身也可以采用动态自适应技术，在进化过程中自动调整算法控制参数和编码精度。

（3）序列二次规划算法与遗传算法的结合

将整个模型求解过程分为两个阶段。第一个阶段是全局近似最优解寻优阶段，在该阶段，借助于遗传算法，来获取模型的全局近似最优解。第二个阶段是精确解寻优阶段，在该阶段，采用序列二次规划算法，以全局近似最优解为初始点，来进行精确解寻优。

具体求解步骤为：

Step1　随机产生一组初始个体构成的初始群体，每个个体表示为染色体的基因编码。

Step2　对群体中每个染色体计算适应度，并判断是否符合优化准则。若符合，输出最佳个体及其代表的最优解并将该解传递给Step7，作为序列二次优化的初始点。

Step3　依据适应度的高低选择再生个体，适应度高的个体被选中的概率高，适应度低的个体可能被淘汰。

Step4　按一定的交叉概率和交叉方法，生成新的个体。

Step5　按一定的变异概率和变异方法，生成新的个体。

Step6　经交叉和变异产生新一代的种群，返回到step2。

Step7　以遗传算法的解为初始点，采用序列二次规划法进行模型的优化求解，该解即为模型的最终精确解。

算法流程图如图3.3所示。

二　算例分析

1. 考虑公平的区域间水资源优化配置算例

假设一流域的可供水量总量 RT 为 2300 万立方米，流域上有两个地区用水户，分别为地区 1 和地区 2。整个流域的基本生活水量 RL 为 50 万立方米，基本生态水量 RE 为 300 万立方米，基本粮食水量 RC 为 100 万立方米。除去基本用水量后，流域可分配水量为 1850 万立方米。

地区 1 的人口 P_1 为 8 万人，产水量 C_1 为 1400 万立方米。除去基本用水量后，地区 1 现状用水 O_1 为 1100 万立方米，实际需水量

D_1 为 1050 万立方米，最低需水量 D_{min1} 为 600 万立方米，最高需水量 D_{max1} 为 1160 万立方米，单方水 GDP 产值 b_1 为 120 元。地区 2 的人口 P_2 为 7 万人，产水量 C_2 为 900 万立方米。除去基本用水量后，地区 2 现状用水 O_2 为 750 万立方米，实际需水量 D_2 为 850 万立方米，最低需水量 D_{min2} 为 500 万立方米，最高需水量 D_{max2} 为 960 万立方米，单方水 GDP 产值 b_2 为 80 元。需要说明的是，这里各地区的需水量不包括基本用水量部分，并且它是综合流域管理机构和各地区政府双方意见得出的平均值。

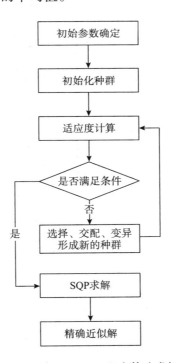

图 3.3　遗传算法和 SQP 混合算法求解流程

该问题的优化变量为：地区 1 和地区 2 的初始水量 R_1 和 R_2 减去基本用水量后的配置水量。目标函数包括两个子目标，即缺水率和经济效益。可建立如下区域间水资源优化配置模型：

$$\min\left[\beta\cdot\max\left(\frac{1050-R_1}{1050},\frac{850-R_2}{850}\right)-(1-\beta)\cdot\frac{80\cdot R_1+120\cdot R_2}{120\cdot 1850}\right]$$

$$s.t. \begin{cases} R_1 + R_2 \leqslant 1850 \\ S_1 \geqslant S_0 \\ S_2 \geqslant S_0 \\ \left| \dfrac{s_1 - s_0}{\omega_1} - \dfrac{s_1 - s_0}{\omega_2} \right| \leqslant \varepsilon_1 \\ 0 \leqslant \beta \leqslant 1 \end{cases} \qquad (3-62)$$

取缺水率权重 $\beta = 0.6$，则经济效益的权重为 0.4。取最低满意度 S_0 为 0.7，误差系数 $\varepsilon_1 = 0.01$。通过计算，地区 1 的决策权重 $\omega_1 = 0.58$，地区 2 的决策权重 $\omega_2 = 0.42$。对上述模型求解，可以得到该问题的优化解为：$R_1 = 1014.6$ 万立方米，$R_2 = 835.4$ 万立方米；整个流域的缺水率为 0.034，经济效益为 188583 万元；地区 1 的满意度 $S_1 = 0.740$，地区 2 的满意度 $S_2 = 0.729$。

为了分析最低满意度对于计算结果的影响，这里将最低满意度 S_0 调整为 0.5，其余参数不变，重新进行计算。最终，得到的优化解为：$R_1 = 1030.6$ 万立方米，$R_2 = 819.4$ 万立方米；整个流域的缺水率为 0.036，经济效益为 189222 万元；地区 1 的满意度 $S_1 = 0.769$。地区 2 的满意度 $S_2 = 0.694$。具体的计算结果见表 3.2。

表 3.2　　　　考虑公平的区域间水资源优化配置算例结果

最低满意度 S_0	地区	需水量（万立方米）	分配水量（万立方米）	决策权重	满意度	缺水率
0.7	地区 1	1050	1014.6	0.58	0.740	0.034
	地区 2	850	835.4	0.42	0.729	0.017
0.5	地区 1	1050	1030.6	0.58	0.769	0.018
	地区 2	850	819.4	0.42	0.694	0.036

注：基本用水量在分配时优先全额满足，表中所分水量不包括基本用水量。

从表 3.2 可以看出：

（1）当 $S_0 = 0.7$ 时，地区 1 和地区 2 的满意度为 0.740、0.729，均大于 0.7；当 $S_0 = 0.5$ 时，地区 1 和地区 2 的满意度为

0.769、0.694，均大于 0.5。这表明在不同的最低满意度设置情况下，地区 1 和地区 2 的满意度均高于设定的最低满意度，满足了水资源初始分配的公平性原则。

（2）当 $S_0 = 0.7$ 时，地区 1 的满意度 0.740 大于地区 2 的满意度 0.729；当 $S_0 = 0.5$ 时，地区 1 的满意度 0.769 大于地区 2 的满意度 0.694。表明在不同的最低满意度设置下，地区 1 的满意度 S_1 略高于地区 2 的满意度 S_2，这与地区 1 的决策权重 0.58 略高于地区 2 的决策权重 0.42 这一事实是相符的。

（3）当 $S_0 = 0.7$ 变为 $S_0 = 0.5$，地区 1 的满意度由 0.740 提高至 0.769；地区 2 的满意度由 0.729 降低至 0.694；地区 1 和地区 2 之间的差异满意度由 0.011 增加为 0.075。表明最低满意度值调低后，区域间水资源分配对用水主体的个体差异的重视程度增强。同时，由于地区 1 的单方水 GDP 产值 120 元比地区 2 的 80 元高，当最低满意度 $S_0 = 0.7$ 变为 $S_0 = 0.5$，流域经济效益由 188583 万元增长为 189222 万元，表明用水主体满意度的两个组成部分，即最低满意度、用水主体差异满意度的比例变化对流域总的经济效益存在影响。

2. 考虑公平的区域内水资源优化配置算例

区域间水资源配置对流域内水资源在地区 1 和地区 2 之间进行了分配，本部分以地区 1 内行业间的水资源分配为例进行计算。由上一算例计算结果可知，在不同的最低满意度情况下，地区 1 从流域获得的除基本用水之外的分配水量为：$R_1 = 1014.6$ 万立方米或 1030.6 万立方米。

地区 1 的农业灌溉实际需水量 D_{11} 为 380 万立方米，最低需水量 D_{min11} 为 200 万立方米，最高需水量 D_{max11} 为 430 万立方米。工业生产需水量 D_{12} 为 670 万立方米，最低需水量 D_{min12} 为 400 万立方米，最高需水量 D_{max12} 为 730 万立方米。区域内农业现状用水量 O_{11} 为 430 万立方米，区域内工业现状用水量 O_{12} 为 670 万立方米；区域内农业规划产值总量 G_{11} 为 10600 万元，工业规划产值总量 G_{12} 为 133000 万元；农

业规划用水效率 e_{11} 为 20 元/立方米，工业规划用水效率 e_{12} 为 160 元/立方米。同样，这里的需水量是综合区域地方政府与区域内各用水行业主体双方意见得出的平均值。

该问题的优化变量为：地区 1 内农业和工业所分配的初始水量 R_{11} 和 R_{12}。目标函数包括两个子目标，即缺水率和经济效益。可建立区域内水资源满意配置模型：

$$\min\left[\beta_1 \cdot \max\left(\frac{380 - R_{11}}{380}, \frac{670 - R_{12}}{670}\right) - (1 - \beta_1) \cdot \frac{20 \cdot R_{11} + 160 \cdot R_{12}}{160 \cdot 1014.6}\right]$$

$$s.t. \begin{cases} R_{11} + R_{12} \leqslant 1014.6 \\ S_{11} \geqslant S_{10} \\ S_{12} \geqslant S_{10} \\ \left| \omega_{11} - \dfrac{\dfrac{s_{11} - s_{12}}{s_{12} - s_{10}}}{\omega_{12}} \right| \leqslant \varepsilon_2 \\ 0 \leqslant \beta_1 \leqslant 1 \end{cases} \tag{3-63}$$

取缺水率权重 $\beta_1 = 0.6$，误差系数 $\varepsilon_2 = 0.01$。地区 1 内农业在水资源分配中决策权重为 0.39，工业的决策权重为 0.61。通过计算，得出结果，见表 3.3。

表 3.3　　　考虑公平的区域内水资源优化配置算例结果

区域最低满意度 S_0	行业最低满意度 S_{10}	行业	需水量（万立方米）	分配水量（万立方米）	决策权重	满意度	缺水率
0.7	0.7	农业	380	367.9	0.39	0.730	0.032
		工业	670	646.7	0.61	0.748	0.035
	0.5	农业	380	356.3	0.39	0.680	0.062
		工业	670	658.3	0.61	0.783	0.017
0.5	0.7	农业	380	372.8	0.39	0.751	0.019
		工业	670	657.8	0.61	0.781	0.018
	0.5	农业	380	360.9	0.39	0.699	0.050
		工业	670	669.7	0.61	0.817	0.0004

注：基本用水量在分配时优先全额满足，表中所分水量不包括基本用水量。

从表3.3可以看出：

（1）农业和工业的满意度均高于设定的最低满意度，符合水权分配的公平原则：以区域最低满意度 $S_0 = 0.7$ 时的配置结果为例，当行业最低满意度 $S_{10} = 0.7$ 时，农业的满意度0.730、工业的满意度0.748均大于最低满意度0.7。同时，工业的满意度0.748大于农业满意度0.730，这与工业的决策权重略高于农业的决策权重这一事实也是相符的。

（2）在区域最低满意度 $S_0 = 0.7$ 的情况下，当行业用水主体最低满意度 $S_{10} = 0.7$ 变为 $S_{10} = 0.5$，工业的满意度由0.748提高至0.783；农业的满意度由0.730降低至0.680；工业和农业之间的差异满意度由0.018增加为0.103。表明最低满意度值调低后，区域内水资源分配对行业用水主体的个体差异的重视程度增强。同时，由于工业的单方水GDP产值160元高于农业的20元，当最低满意度 $S_{10} = 0.7$ 变为 $S_{10} = 0.5$，区域地方政府经济效益由110830万元增长为112453万元，表明行业用水主体满意度的两个组成部分，即最低满意度、用水主体差异满意度的比例变化对区域总的经济效益存在影响。

（3）在行业用水主体最低满意度 $S_{10} = 0.7$ 的情况下，当区域最低满意度 $S_0 = 0.7$ 变为 $S_0 = 0.5$，农业最低满意度由0.730增加为0.751，工业最低满意度由0.748增加为0.781；而在行业用水主体最低满意度 $S_{10} = 0.5$ 的情况下，当区域最低满意度 $S_0 = 0.7$ 变为 $S_0 = 0.5$，农业最低满意度由0.680增加为0.699，工业最低满意度由0.783增加为0.817。表明在即使行业用水主体最低满意度不变的情况下，区域主体的最低满意度值设置对行业用水主体的分配水量也存在影响。

第四节　本章小结

本章在用水主体满意度概念定义的基础上，通过构建用水主体满意度函数，形成最低满意度约束函数和满意度平衡约束函数，在此基础上构建的考虑公平的流域水资源帕累托优化配置能够有效提高水资源的公平性。通过对不同最低满意度情况下的分配结果进行比较，最低满意度的设置越低，对用水主体个体化差异的重视程度越高。

第四章　考虑公平及效率的流域水资源帕累托优化配置

考虑公平的流域水资源帕累托优化配置是对目前我国水资源主要分配方式的改进，从一定程度上保证了水资源配置的公平性，虽然也考虑了用水主体的效益，但行政配置方式对用水主体的行为没有形成有效的约束和激励，对水资源的配置效率有待提高。水量交易通过市场机制传递水资源稀缺信息，促使水资源流向利用效率较高的领域，很好地弥补了行政配置在效率方面的不足。目前，我国正在加紧探索如何在水资源配置中充分发挥市场的作用。已有的一些研究在对各主体拥有的初始水量确定基础上，对水资源市场配置单独进行研究，忽视了各主体初始水量的确定与水量交易之间的相互影响。本章在第三章考虑公平的流域水资源帕累托优化配置的基础上，考虑主体间水量交易协调方式，探讨考虑满意度协商与水量交易协商交互影响的流域水资源帕累托优化配置，构建考虑公平及效率的流域水资源帕累托优化模型，即区域间水资源优化配置模型、区域内水资源优化配置模型。

第一节　考虑公平及效率的流域水资源配置概述

一　考虑公平及效率的流域水资源配置特点

考虑公平及效率的流域水资源配置将行政配置和市场配置结合

在一起，寻求一种所有的用水主体都不愿意改变的配置结果。水量交易作为一种有效提高水资源利用效率的方式，其本质是对一定水量的使用权和依附于这部分水量的效益权的交易，本书称为水权交易。下面从以下几个方面来分析水权交易的特点：

首先，从地位作用上看，我国的水权交易是一种补充性、辅助性分配制度，通过行政配置对主体拥有的初始水量进行确定仍占支配地位。这有两个原因：一是由我国水资源配置的历史状况决定的。公共产品的基本供给多采用行政配置方式。依赖于政府部门对流域内的水资源进行配置，这有利于保证水资源配置的公平性，使在市场中处于竞争弱势的主体有水可取。因此，我国在探索水权交易制度的同时，保持初始水资源分配的基础地位。二是由水权交易的前提决定的。水权交易的前提是界定清晰的初始水资源拥有量。因此，开展水权交易之前，必须首先对主体拥有的初始水资源量进行界定，即需要借助于行政配置方式展开。

其次，从发展现状上看，我国水权交易尚处于探索阶段，体制、机制和方法措施尚不完善，呈现出"准市场"特点。水权交易要处理好效率与保持公平的关系。如果完全放开市场，由市场进行价格调节，可能会造成水权垄断，水权都被寡头所霸占，小微用水主体无水可买。另外一种情况是，卖水者可能借机哄抬水价，致使水价过高，买水方无力购买。因此，在现如今水市场制度尚不完善的情形下，需要政府的宏观调控作用对市场进行干预和引导。借鉴我国金融市场的经验，本书认为在水权交易市场上，政府可以通过给定水权交易指导价格来引导水权交易，保护水权交易各方的利益，降低由水权价格谈判、水权交易恶性竞争带来的水权交易成本的增加。

最后，从矛盾关系上看，我国的水权交易与日益紧张的水资源形势和普遍偏低的用水效益相互矛盾。水权交易需要市场上有充足的水源，而我国的人均水资源量在全世界处于较低水平，且全民节水意识较弱、各行业用水效率较低，这些都决定了我国水权交易市场的先天不足。因此，为了推动我国的水权交易，需要广泛开展节约用水活动，从而保证有剩余水权在市场上交易。而节约用水的成本往往较高，全民的参与热情普遍较低。为了引导大家节约用水，政府可以考虑通过节水补偿、差异化水价等措施来改善用水现状。

二　考虑公平及效率的流域水资源混合配置模型框架

1. 行政配置与水权交易交互结构的确定

从两种角度来考虑如何有效地将行政配置和水权交易结合起来，分析初始配置与水权交易的顺序结构、交互嵌套结构，确定交互嵌套配置结构的选择。

（1）顺序结构

按照先后顺序，首先进行主体初始水量确定，然后在此基础上进行水权交易。这是一种最直接，也是最简便的结合方法。政策主体先依靠行政手段进行分配，对各主体拥有的初始水量进行界定。继而，在初始水量界定清晰的前提下，主体间进行水权交易。其形式结构如图4.1所示。

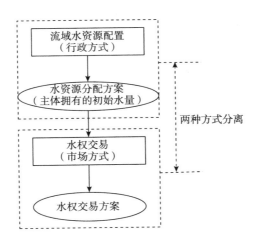

图4.1　两种配置方式的开环无反馈结构

从图4.1中可以看出，由于存在时间和事件上的先后次序，行政方式的配置能够通过主体拥有的初始水量来影响水权交易，水权交易需要在行政方式配置的基础上开展，却无法反过来向行政配置反馈信息。这类方式可执行性较强，并且模型的构建和求解相对简单。缺点是这类模型的精度不是很高，可能出现初始水资源方案最优，且水权交易方案最优，却无法保证分水方案全局最优。原因在于该组合方式是一种无反馈的开环结构，一旦主体拥有的初始水量确定了，水权交易将随之确定，且水权交易的效果无法反馈给行政配置环节，无法对行政配置进行修正。

该结构的特点是：行政配置和市场配置是完全割裂的前后两个阶段，在行政配置中没有考虑地方政府间的水权交易行为，地方政府的效益函数仅表示为关于初始水量的函数关系，忽视了市场配置与行政配置方式之间的互动影响。

（2）交互嵌套结构

按照嵌套结构，进行行政配置方式与市场配置方式的结合。即行政配置和市场配置相辅相成，共同组成流域水资源配置整体。在这个整体中，两种配置方式相互耦合，耦合关系除了考虑行政配置结果是市场配置的前提，还考虑市场配置对行政配置的反馈作用。其形式结构如图 4.2 所示。

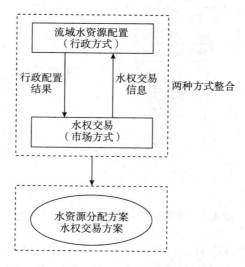

图 4.2　两种配置方式的反馈交互嵌套结构

从图 4.2 中可以看出，行政配置与市场配置两种方式相互嵌套，强调的是行政配置、市场配置之间的信息反馈。主体拥有的初始水资源量通过行政方式确定，并对市场配置形成约束；水权交易后各用水主体的效益信息反馈给行政配置环节，对配置区域的综合用水效益产生影响。该模型中，综合用水效益优化工作由水资源配置政策主体主导，通过设定整个配置区域用水效益最高，来对行为主体拥有的初始水量进行确定。用水主体在所分配水量的前提下，通过节水和水权交易行为，来最大化自身的用水效益。而用水主体的效益又组成了整个流域的用水效益，构成了流域水资源行政配置的目标函数。从这点来看，交互嵌套结构更符合全局最优的要求。鉴于此，本书选择这类结构来进行分水模型建模和分析。

2. 考虑公平的流域水资源帕累托优化配置模型框架

（1）模型构建基本思路

在构建模型时，结合实际情况，规定区域地方政府间的市场配置由流域管理机构来主导；各行业用水主体仅在所属区域内寻找合作伙伴，进行水权交易。下面对模型的基本思路进行说明。

①采用用水主体满意度来模拟和衡量用水主体在分水中的参与和协商作用。这是个涉及分配方案"可行性"的问题，即只有分配方案得到各需水主体的认可，该方案才具有可行性。此部分的研究借鉴第三章研究成果。

②采用行政配置和市场配置的交互嵌套配置方式。这是个涉及分配方案"准确性"的问题，即只有将初始水量确定和水权交易有机结合起来，将需水主体的利益表示成拥有的初始水量和水权交易的利益函数，这样的分配方案才会更加客观和准确。

③分别研究考虑公平及效率的区域间水资源优化配置、区域内水资源优化配置。在区域间水资源优化配置中，流域管理机构是主导，进行水资源分配和引导地方政府间的水权交易行为，旨在确定流域内各区域地方政府的水量，包括初始水量和水权交易量。在区域内水资源优化配置中，各区域地方政府是主导，进行区域内行业用水主体间

水资源分配和引导行业用水主体的水权交易行为，旨在确定区域内各行业用水主体的水量，同样包括初始水量和水权交易量。

④采用激励机制和利益补偿机制，来保证水权交易市场上有充足的水资源。目前，我国的水权交易市场还不够活跃，为了推动水权交易，需要首先调动大家广泛参与节水活动，以便拿出多余的水来进行交易。通常情况下，节水补偿和水价是激励节水的主要手段。通过补贴节水主体以一定的经济补偿，来弥补节水增加的成本，引导节水行为；通过合理的水价，引导用水户提高节水意识，加大节水幅度。

⑤采用水权交易指导价格，来规范和保护水权市场的交易行为，降低水权交易的交易成本。这是个涉及水权交易高效性、有序性的问题。如前所述，我国的水权交易市场呈现出"准市场"特点，需要政府的干预作用来调节水权交易行为。政府通过水权交易指导价格，对水权交易双方的利益进行平衡。

⑥采用各区域地方政府之间进行水权交易，各行业用水主体之间进行水权交易的模式，简化水权交易的实现，提高水权交易效率。这是个涉及水权交易可操作性的问题。一般来讲，水权交易是一种市场行为，各区域地方政府既可以在流域内部进行水权交易，也可以跨流域进行水权交易；同样各行业用水主体既可以在区域范围内进行水权交易，也可以跨区域进行水权交易。但是受水利设施的影响，区域地方政府之间的水权交易多发生在同一流域的区域之间。另外，在我国，当不同区域内行业主体之间进行水权交易时，多由行业主体将其意愿向所在区域地方政府反映，由区域地方政府之间进行协商，因此，本书认为，不同区域内的行业用水主体不能直接参与跨区域水权交易，只能通过向所属地区政府上报水权交易意愿，由地方政府作为代表在流域内寻求具有水权交易意愿的其他地方政府进行交易协商。

（2）模型的框架

在第三章考虑公平的流域水资源帕累托优化配置框架的基础上，引入市场配置模式：流域水资源整体配置为区域间水资源优化配置

与区域内水资源优化配置的顺序执行结构，区域间水资源配置结果
为区域内水资源配置的总水量约束；区域间水资源配置是以流域管
理机构为主导，各地方政府主体满意度协商与水权交易协商交互影
响的交互配置，对各地方政府实际拥有的水量（地方政府初始水量
与水权交易量之和）进行寻优；区域内水资源配置是以区域地方政
府为主导，各行业用水主体满意度协商与水权交易协商交互影响的
交互配置，对各行业主体实际拥有的水量（行业主体初始水量与水
权交易量之和）进行寻优，如图4.3所示。

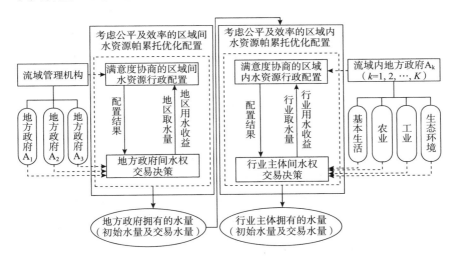

图4.3 考虑公平及效率的流域水资源帕累托优化配置框架

从图4.3中可以看出，考虑公平及效率的区域间水资源优化配
置与区域内水资源优化配置均是两层优化问题。在区域间水资源优
化配置中，流域用水的整体效益由流域管理机构通过初始水量分配
来进行确定，这是上层优化；而地方政府可以在拥有的初始水量约
束下，通过节约用水及水权交易来实现自身用水效益的最大化，这
是下层优化。在区域内水资源优化配置中，各地方政府为政策政
府，扮演上层决策人的角色，以区域利益最大化为上层决策主体的
决策目标；区域内各行业用水主体扮演下层决策人的角色，通过节水
行为及水权交易，以各自的效益最大化为优化目标。无论是区域间，

还是区域内配置，上、下层决策人各自控制着自身的优化变量，且上层决策人的权力比下层决策人的权力更大，下层决策人在满足自身基本需求的情况下，必须充分满足上层决策人的利益。决策过程是按照自上而下的顺序进行的，即上层决策人先做出决策，下层决策人在此决策基础上进行再优化，优化结果反馈给上层，重复循环，直到流域或区域整体用水效益最高。最终所求得的两层优化问题的满意解应该是上层决策人满意的，同时也是下层决策人可接受的。

第二节　考虑公平及效率的流域水资源帕累托优化配置模型

一　区域间水资源优化配置模型

在考虑公平及效率的流域水资源优化配置模型框架的分析基础上，本部分对区域间优化配置模型进行构建，上层决策者为流域管理机构，下层决策者为各区域地方政府。上层决策主体流域管理机构首先宣布其决策，这一决策将影响下层决策主体地方政府的决策行为与目标函数，各地方政府在这一前提下选取使自己的目标函数达到最优的决策，然后流域管理机构再根据各地方政府的信息反馈来做出符合全局利益的决策。通过建立该模型，旨在确定流域内地方政府的最优初始水量和最优水权交易量。

1. 基本假设

在建立模型时，认为：当 t 时刻行政区域 A_k 的需水量 D_{kt} 大于其实际取水量 Q_{kt}，即 $D_{kt} > Q_{kt}$ 时，对于需水量差值 $D_{kt} - Q_{kt}$，地区 A_k 可以通过节水和提高用水效率等方式来解决。当地区 A_k 的实际取水量 Q_{kt} 大于其初始分配水量 R_{kt}，即 $Q_{kt} > R_{kt}$ 时，地区 A_k 多引的水量 $Q_{kt} - R_{kt}$ 可以在流域水权交易市场上通过购买的方式从其他区域获得。反之，当地区 A_k 的实际取水量 Q_{kt} 小于其分配水量 R_{kt}，即 $Q_{kt} < R_{kt}$ 时，地区 A_k 可以把多余的水量 $R_{kt} - Q_{kt}$ 通过流域水权交易市场转

让以获得收益。

我国水权交易市场采取的是"准市场"模式，虽然不是一个完全的竞争市场，但是水权交易价格受水权市场上供求关系影响的规律是不变的，即水权交易价格与市场上的水权交易量的大小是相关的。同时，为避免水权交易的"负外部性"，促进水权交易的发生，需要政府对水权交易价格进行适当调控。鉴于此，根据寡头竞争模型，假设水权交易价格的表达式为 $V_d(x) = V_g - bx(V_g, b>0)$。其中，$V_d(x)$ 是水权交易价格，x 是区域间水权交易总量，且 $x = \sum_{k=1}^{K} (R_{kt} - Q_{kt})$。$b$ 是水权供需情况对水权交易价格的影响因子，反映的是水权交易量对水权交易价格的影响程度。V_g 称为水权交易基准价格，反映的是政府给出的水权交易指导性价格。

2. 模型的变量和参数

区域间水资源优化配置模型中的变量包括两部分：一是流域管理机构的优化变量；二是各区域地方政府的优化变量。根据决策主体分水地位及决策等级的不同，流域管理机构优化变量的优先级要高于地方政府优化变量的优先级。

价格是最重要的市场信号，也是一种有效的资源配置政策，流域管理机构通过两种价格——水资源价格 V_T 和水权交易基准价格 V_g 来引导区域地方政府的取用水行为。因此，流域管理机构的优化变量除了包括初始分配变量 R_{kt}，还包括用来引导和规范水权交易的政策变量。流域管理机构的优化变量包括 R_{kt}：流域内地区 A_k 的初始分配水量；V_T：水资源价格；V_g：水权交易基准价格。

对于地方政府 A_k 来说，能够控制的优化变量为地区 A_k 的实际取水量 Q_{kt}。地区政府根据初始分配水量、水价、水权交易价格等因素来调节自身的取用水，使自身效益最大化。

在模型构建时，首先将基本用水（包括基本生活用水、基本生态用水和基本粮食用水）扣除，剩余的水量再进行初始分配。各区域地方政府的基本用水不参与水权交易，参与交易部分的是扣除基本用水之后的各地区水量。主要参数包括：

RT_t：t 时刻整个流域的水资源总量

RL_t：t 时刻整个流域的基本生活用水量

RE_T：t 时刻整个流域的基本生态用水量

RC_t：t 时刻整个流域的基本粮食用水量

R_t：t 时刻整个流域可供分配的水资源总量

D_{kt}：t 时刻行政区域 A_k 的需水量

φ_k：行政区域 A_k 的节水成本系数

b_{kt0}：t 时刻 A_k 未采用节水措施情况下的单方水 GDP 产值，用来表示行政区域 A_k 未采用节水措施情况下的用水效益系数

b'：表示各行政区域采取节水措施后，单方水 GDP 产值的增长率

θ_1：误差系数

b：水权供求状况对水权交易价格的影响因子

3. 区域间水资源优化配置模型构建

区域间水资源优化配置模型是一个两层优化模型，它包括上层的流域优化和下层的地方政府优化。上层优化主要用来确定各地方政府的初始水量，下层优化主要用来确定各地方政府的实际取水量。上层优化是从流域管理机构的角度，来最大化整个流域的用水效益，代表着全局效益。下层优化是从地方政府的角度，来最大化本地区的用水效益，代表着局部效益。流域管理机构和地方政府属于主从关系，即上层优化处于主要地位，下层优化处于从属地位。本书首先对下层区域地方政府进行优化，然后对上层流域机构进行优化，基于两者完成区域间水资源优化配置模型的构建。

（1）下层区域地方政府优化

下层优化的决策主体是区域地方政府。主要任务是在初始分配水量已知的情况下，以本区域净收益最大化为目标，对实际取水量进行优化。

当地区 A_k 采用节水措施时，地区 A_k 的单方水 GDP 产值将增加为 b_{kta}：

$$b_{kta} = (1 + b') \cdot b_{kt0} \tag{4-1}$$

式（4-1）中，b_{kt0} 为未采取节水措施情形下的单方水 GDP 产值，b' 表示各地区采取节水措施后，单方水 GDP 产值的增长率。

此时，地区 A_k 的用水效益函数（用 GDP 产值表示）为：

$$B_{kt} = b_{kta} \cdot Q_{kt} = (1 + b') \cdot b_{kt0} \cdot Q_{kt} \tag{4-2}$$

假设地区 A_k 的节水成本函数为：

$$\varPsi_k = \varphi_k(D_{kt} - Q_{kt}) \tag{4-3}$$

式（4-3）可以将节水成本表示为有关（$D_{kt} - Q_{kt}$）的函数形式。

当进行水权交易时，地区 A_k 的水权交易收益为：

$$(R_{kt} - Q_{kt}) \cdot V_d \tag{4-4}$$

最终，经过节水和水权交易后，地区 A_k 的净收益函数 B_{kpt} 为：

$$B_{kpt} = B_{kt} - Q_{kt} \cdot V_r - \varphi_k(D_{kt} - Q_{kt}) + (R_{kt} - Q_{kt}) \cdot V_d \tag{4-5}$$

式（4-5）中，$Q_{kt} \cdot V_r$ 项为地区 A_k 的水资源费用。

作为一个理性个体，地区 A_k 通过选择行动策略（这里指确定取水量）以最大化自身净收益。因此，可建立下层区域间水权交易优化模型如下：

$$\max_{Q_{kt}} B_{kt} - Q_{kt} \cdot V_r - \varphi_k(D_{kt} - Q_{kt}) + (R_{kt} - Q_{kt}) \cdot V_d$$

$$s.t. \begin{cases} \sum_{K=1}^{K} Q_{kt} \leqslant RT_t - RL_t - RE_t - RC_t \\ \sum_{K=1}^{K} R_{kt} \leqslant RT_t - RL_t - RE_t - RC_t \\ Q_{kt} > 0 \end{cases} \tag{4-6}$$

（2）上层流域机构优化

上层优化的决策主体是流域管理机构。如第三章所述，未考虑水权交易时，流域管理机构的工作仅是对水资源进行公平配置。但是当考虑水权交易时，由于我国的水权交易尚表现为"准市场"特点，因此，水权交易需要流域管理机构进行适当干预和调控。此时，流域管理机构扮演着水资源初始分配者和水权交易调控者的双重角色，主要任务是在确保流域内各地区基本需水量的情况下，以流域整体效益最大化为目标，对水资源初始分配方案进行优化，并且对水权交易干预行为进行优化。总目标包括两个部分，即水资源初始分配量子目标和水权交易调控子目标。因此，可以将流域上层优化的目标函数表示如下：

$$B_w = B_{w1} + B_{w2} \qquad (4-7)$$

式（4-7）中，B_{w1} 为水资源初始分配子目标函数，它应该表示为缺水率和初始分配后经济效益的加权和形式。B_{w2} 为水权交易调控子目标函数，它可以用整个流域水权交易后的经济效益来衡量，应该表示为水权交易后各地区经济效益的代数和形式。

考虑到计算性，需要统一目标函数中各项的数量级，因此，需要对两个目标子函数进行标准化处理。其中，B_{w1} 可以参考第三章考虑公平的区域间水资源优化配置模型目标函数的形式，标准化为 SB_{w1}：

$$SB_{w1} = \eta \cdot \max\left(\frac{D_{kt} - R_{kt}}{D_{kt}}\right) - (1 - \eta) \cdot \frac{\sum_{K=1}^{K} b_{kt0} \cdot R_{kt}}{\max(b_{kt0}) \cdot R_t} \qquad (4-8)$$

式（4-8）中，η 为缺水率在整个目标中所占权重。

同理，B_{w2} 可以标准化为 SB_{w2}：

$$SB_{w2} = \frac{\sum_{K=1}^{K} B_{kpt}}{\max(b_{kt0}) \cdot R_t} \qquad (4-9)$$

实际中，水资源初始分配子目标和水权交易调控子目标的权重不一定相同，因此，引入权重因子 ρ 来表示 B_{w1} 的权重，将流域上层优化模型的目标函数修改为：

$$B_w = \rho \cdot SB_{w1} + (1 - \rho) \cdot SB_{w2} \qquad (4-10)$$

流域上层优化的约束也包括两个部分，即考虑公平的配置约束和水权交易调控约束。其中，考虑公平的配置约束借鉴第三章，表示为：

$$\begin{cases} \sum_{k=1}^{K} R_{kt} \leqslant RT_t - RL_t - RE_t - RC_t \\ S_{kpt} \geqslant S_{pt0} \\ \left| \dfrac{S_{kpt} - S_{pt0}}{\omega_{kt}} - \dfrac{S_{jpt} - S_{pt0}}{\omega_{jt}} \right| \leqslant \vartheta_1 \end{cases} \qquad (4-11)$$

式（4-11）中，S_{kpt} 和 S_{jpt} 分别为 t 时刻地区 A_k 和 A_j 的满意度，可以根据满意度公式，由初始分配水量与需水量来确定；S_{pt0} 为各地区的最低满意度；ω_{kt} 和 ω_{jt} 分别表示 t 时刻地区 A_k 和 A_j 在初始分配时的决策权重，主要根据水源地优先原则、占用优先原则和人口优先原则来综合确定；ϑ_1 为误差系数。

在水权交易时，一个最基本的要求便是水权交易价格应该高于水资源价格。因此，水权交易调控约束更多表现在对水资源价格和水权交易价格的约束上。本书将水权交易调控约束表示为：

$$\begin{cases} lb \leqslant V_r \leqslant ub \\ V_r \leqslant V_d \leqslant V_{d\max} \end{cases} \tag{4-12}$$

式（4-12）中，lb 和 ub 分别表示水资源价格的下限和上限，由流域管理机构根据实际情况来定；$V_{d\max}$ 表示水权交易价格的最大值，是由流域管理机构确定的，旨在防止水权交易的"负外部性"，引导水权交易的公平性，继而保障用水主体均能够通过水权交易获得所需的水权。

由上述目标函数与约束函数，可建立流域上层优化模型如下：

$$\max_{R_{kt}, V_r, V_g} B_w = \rho \cdot SB_{w1} + (1 - \rho) \cdot SB_{w2}$$

$$s.t. \begin{cases} \sum_{k=1}^{K} R_{kt} \leqslant RT_t - RL_t - RE_t - RC_t \\ S_{kpt} \geqslant S_{pt0} \\ \left| \dfrac{S_{kpt} - S_{pt0}}{\omega_{kt}} - \dfrac{S_{jpt} - S_{pt0}}{\omega_{jt}} \right| \leqslant \vartheta_1 \\ lb \leqslant V_r \leqslant ub \\ V_r \leqslant V_d \leqslant V_{d\max} \\ 0 \leqslant \rho, \eta \leqslant 1 \end{cases} \tag{4-13}$$

其中，$SB_{w1} = \eta \cdot \max\left(\dfrac{D_{kt} - R_{kt}}{D_{kt}}\right) - (1 - \eta) \cdot \dfrac{\sum_{k=1}^{K} b_{kto} \cdot R_{kt}}{\max(b_{kto}) \cdot R_t}$

$SB_{w2} = \dfrac{\sum_{k=1}^{K} B_{kpt}}{\max(b_{kt0}) \cdot R_t}$

（3）区域间水资源优化配置模型构建

从上面分析可以看出，区域间水资源优化配置是一个具有上下两个层次的系统优化问题，上层流域管理机构通过自己的决策结果，即初始分配水量、水资源价格及水权交易基准价格去指导下层地方政府，但并不直接干预各区域的取用水决策；而下层区域地方政府在遵守上层流域管理机构的决策的前提下，可以在自己的区域范围内自由决策取用水份额、节水量和水权交易量，以追求自身利益最大化。区域间水资源优化配置模型为：

$$\max_{R_{kt}, V_r, V_g} B_w = \rho \cdot SB_{w1} + (1-\rho) \cdot SB_{w2}$$

$$\text{s. t.} \begin{cases} \sum_{k=1}^{K} R_{kt} \leqslant RT_t - RL_t - RE_t - RC_t \\ S_{kpt} \geqslant S_{pt0} \\ \left| \dfrac{S_{kpt} - S_{pt0}}{\omega_k t} - \dfrac{S_{jpt} - S_{pt0}}{\omega_{jt}} \right| \leqslant \vartheta_1 \\ lb \leqslant V_r \leqslant ub \\ V_r \leqslant V_d \leqslant V_{d\max} \\ 0 \leqslant \rho, \ \eta \leqslant 1 \end{cases}$$

$$\max_{Q_{kt}} \quad B_{kt} - Q_{kt} \cdot V_r - \varphi_k(D_{kt} - Q_{kt}) + (R_{kt} - Q_{kt}) \cdot V_d \qquad (4-14)$$

$$\text{s. t.} \begin{cases} \sum_{k=1}^{K} Q_{kt} \leqslant RT_t - RL_t - RE_t - RC_t \\ \sum_{k=1}^{K} R_{kt} \leqslant RT_t - RL_t - RE_t - RC_t \\ Q_k t > 0 \end{cases}$$

其中，$SB_{w1} = \eta \cdot \max\left(\dfrac{D_{kt} - R_{kt}}{D_{kt}}\right) - (1 - \eta) \cdot \dfrac{\sum_{k=1}^{K} b_{kto} \cdot R_{kt}}{\max(b_{kto}) \cdot R_t}$

$$SB_{w2} = \frac{\sum_{k=1}^{K} B_{kpt}}{\max(b_{kt0}) \cdot R_t}$$

从模型的数学表达式可以看出，该模型与第三章考虑公平的流域水资源帕累托优化配置模型存在以下几点区别：

①该模型在进行水资源分配时，既通过考虑满意度保证水资源配置的公平性，同时通过水权交易提高水资源的配置效率，符合未来水资源配置模式的发展方向。

②在该模型中，流域管理机构的优化变量除了包括初始分配水量，还包括影响地方政府间水权交易的水资源价格、水权交易基准价格。流域管理机构既是水资源的分配者，还是水资源交易市场的调控者。

③在该模型中，地方政府除了参与流域管理机构主导的考虑公平的配置外，在服从流域管理机构决策的前提下，还可以自主确定本地区的节水量、水权交易量和取水量。因此，地区政府在水资源分配中的自主决策作用体现得更为明显，更利于增强分配方案的可执行性。

二 区域内水资源优化配置模型

通过求解区域间水资源优化配置模型，求解出区域的最优初始水量和最优水权交易量，与该地区的基本用水量综合起来形成了区域 A_k 的实际可用水量。区域 A_k 对区域的实际可用水量进行区域内行业用水主体间的配置。本部分研究区域内水资源优化配置，旨在为地方政府进行区域内部的水资源优化配置提供理论依据和决策支持。

1. 基本假设

在建立该模型前，根据区域内水资源配置现状，结合实际，做如下假设：

①区域内用水主体仅考虑农业和工业两类。农业和工业是我国的两大产业形式，地位重要，对我国的社会贡献和经济贡献也最为重要，为简化模型，这里的行业用水主体仅考虑农业和工业。

②工农业采用差异化的水资源价格。我国的农业基础相对薄弱，且农业人口的收入水平普遍不高，为了保障农民的生活水平和我国的粮食安全，目前的农业用水价格要明显低于工业用水价格。

③粮食安全保障的这部分农业用水作为基本用水实行全额供给，这是为了保障我国的粮食安全和人民的基本生活。

④水权交易主要表现为工业用水主体向农业用水主体进行买水。

我国农业和工业都存在水资源短缺问题，而随着工业的不断发展，工业的水资源缺口更大。目前来看，农业灌溉用水的利用率普遍较低，可节水的空间很大。而工业节水成本较高，但单位水资源利用效益远高于农业。因此，农业节水后获得的多余水量，经水权交易，可以向工业转移，获取一定的收益，而工业获得了所需的水资源，生产规模得以扩大，用水效益也会增加。

2. 模型的变量和参数

区域内水资源优化配置中，地方政府水资源管理机构和各行业主体之间是主从关系，地方政府决策的优先级要高于行业用水主体决策的优先级。地方政府确定水资源分配方案和水权交易调控方案，各行业在地方政府决策的约束下，以自身利益最大化为目标，对各自的取水量进行优化。

（1）模型的变量

地方政府 A_k 的优化变量为初始分配水量、水资源价格和水权交易基准价格。用数学公式表示为：

$R_{kht}(h=1，2，3，4，5)$：t 时刻行政区域 A_k 内各行业分配水量。其中，R_{k1t} 为行政区域 A_k 内农业分配水量；R_{k2t} 为行政区域 A_k 内工业分配水量；R_{k3t} 为行政区域 A_k 内基本生活水量；R_{k4t} 为行政区域 A_k 内基本粮食保障水量；R_{k5t} 为行政区域 A_k 内基本生态水量。

$V_{kht}(h=1，2)$：t 时刻行政区域 A_k 内各行业水资源价格。其中，V_{k1r} 为农业水资源价格，R_{k2r} 为工业水资源价格。

V_{kg}：t 时刻行政区域 A_k 内行业间水权交易基准价格。它和水权交易价格 V_{kd} 的函数关系为：$V_{kd}=V_{kg}-cx(V_{kg,c}>0)$。其中，$x$ 是行业间水权交易总量，$x=\sum_{h=1}^{2}(R_{kht}-Q_{kht})$；$c$ 是行业间水权交易市场上水资源供求状况对水权交易价格的影响因子，反映的是行业间水权交易量对水权交易价格的影响程度；V_{kg} 反映的是政府对行业间水权交易给出的指导性价格。

各行业用水主体在各自拥有的初始水量约束下，追求各自的利益最大化，其优化变量为取水量，用数学公式表示为 Q_{kht}（$h=1$，2）：t 时刻行政区域 A_k 内各行业取水量。其中，Q_{k1t} 为 t 时刻行政区域 A_k 内农业的实际取水量；Q_{k2t} 为 t 时刻行政区域 A_k 内工业的实际取水量。

（2）模型的参数

模型的主要参数包括：

RA_{kt}：t 时刻行政区域 A_k 从流域获得的基本用水量

R_{kt}：t 时刻行政区域 A_k 从流域获得的除基本用水之外的水量

D_{kht}：t 时刻行政区域 A_k 内各行业的需水量（$h=1$，2，3，4，5）

D_{k1t}：行政区域 A_k 内农业灌溉需水量

D_{k2t}：行政区域 A_k 内工业生产需水量

D_{k3t}：行政区域 A_k 内基本生活需水量

D_{k4t}：行政区域 A_k 内基本粮食保障需水量

D_{k5t}：行政区域 A_k 内基本生态需水量

b_{kht0}：t 时刻行政区域 A_k 内各行业未采取节水措施情况下的单方水经济效益，通常用单方水 GDP 产值来表示（$h=1$，2）

b_{k1t0}：行政区域 A_k 内未采取节水措施情况下农业的单方水经济效益

b_{k2t0}：行政区域 A_k 内未采取节水措施情况下工业的单方水经济效益

b_{khta}：t 时刻行政区域 A_k 内各行业采取节水措施情况下的单方水经济效益（$h=1$，2）

b_{k1ta}：行政区域 A_k 内采取节水措施情况下农业的单方水经济效益

b_{k2ta}：行政区域 A_k 内采取节水措施情况下工业的单方水经济效益

φ_{kht}：t 时刻行政区域 A_k 内各行业的节水成本系数（$h=1$，2）

φ_{k1t}：t 时刻行政区域 A_k 内农业的节水成本系数

φ_{k2t}：t 时刻行政区域 A_k 内工业的节水成本系数

S_{kt0}：t 时刻行政区域 A_k 内各行业的最低满意度

c：行业水权供求状况对水权交易价格的影响因子，一般通过市场调研给出

ϑ_2：误差系数

3. 区域内水资源优化配置模型构建

区域内水资源配置活动包括两层，即上层为地区 A_k 内的水资源满意分配和水权交易调控，下层为地区 A_k 内各行业间的水权交易。

（1）下层行业主体优化

下层优化主要是区域 A_k 内各行业用水主体通过节水行为及相互之间的水权交易，来追求本行业的用水效益最大化。

t 时刻行政区域 A_k 内，当行业 h 采取节水措施时，该行业的效益函数（用 GDP 产值表示）为：

$$B_{kht} = b_{kht} \cdot Q_{kht} \qquad (4-15)$$

此时，该行业的节水成本函数为：

$$\Psi_{kht} = \varphi_{kht}(D_{kht} - Q_{kht})^2 \qquad (4-16)$$

当行业 h 产生水权交易时，其水权交易收益为：

$$(R_{kht} - Q_{kht}) \cdot V_{kd} \qquad (4-17)$$

最终，经过节水和水权交易后，地区 A_k 内行业 h 的净收益函数 B_{khpt} 为：

$$B_{khpt} = B_{kht} - Q_{kht} \cdot V_{khr} - \psi_{kht} + (R_{kht} - Q_{kht}) \cdot V_{kd} \qquad (4-18)$$

式（4-18）中，$Q_{kht} \cdot V_{khr}$ 项为地区 A_k 内行业 h 的水资源费用。

基于以上分析，可以建立下层优化模型：

$$s.t. \begin{cases} \sum_{h=1}^{2} Q_{kht} \leqslant R_{kt} \\ Q_{kht} > 0 \end{cases} \qquad (4-19)$$

（2）上层区域地方政府优化

上层优化主要是区域地方政府通过满意度协商和水权交易调控来使整个地区的用水效益最大化，因此，上层优化的目标函数和约束函数均包括满意度配置和水权交易调控两个部分的内容。

①目标函数

行政区域 A_k 内，上层优化的目标函数表示如下：

$$B_{wk} = B_{wk1} + B_{wk2} \qquad (4-20)$$

式（4-20）中，B_{wk1} 为行政区域 A_k 内水资源初始分配子目标函数，它可以表示为缺水率和初始分配后经济效益的加权和形式。B_{wk2} 为水权交易调控子目标函数，它可以用整个区域水权交易后的经济效益来衡量，应该表示为水权交易后各行业经济效益的代数和形式。

考虑到计算性，需要对两个目标子函数进行标准化处理。其中，B_{wk1} 可以根据式（4-21），标准化为 SB_{wk1} 形式：

$$SB_{wk1} = \gamma \cdot \max\left(\frac{D_{kht} - R_{kht}}{D_{kht}}\right) - (1-\gamma) \cdot \frac{\sum_{h=1}^{2} b_{kht0} \cdot R_{kht}}{\max(b_{kht0}) \cdot R_{kt}}$$

（4-21）

式（4-21）中，γ 为行政区域 A_k 内缺水率在整个优化目标中所占权重。

同样，B_{wk2} 可以标准化为 SB_{wk2}：

$$SB_{wk2} = \frac{\sum_{h=1}^{2} B_{khpt}}{\max(b_{kht0}) \cdot R_{kt}}$$

（4-22）

引入权重因子 ζ 来表示 B_{wk1} 的权重，继而可以将区域级上层优化的目标函数修改为：

$$B_{wk} = \zeta \cdot SB_{wk1} + (1-\zeta) \cdot SB_{wk2}$$

（4-23）

②约束函数

约束函数包括水量约束、水权交易价格约束、基本约束、主体满意度约束。

根据区域地方政府的主要职责，区域级上层优化模型的总约束应包括两个部分，即考虑公平的分配约束和水权交易调控约束。其中，考虑公平的水资源分配约束可以参考第三章，表示为：

$$\begin{cases} \sum_{h=1}^{2} R_{kht} \leqslant R_{kt} \\ S_{khpt} \geqslant S_{kpt0} \\ \left| \dfrac{S_{k1pt} - S_{kpt0}}{\omega_{k1t}} - \dfrac{S_{k2pt} - S_{kpt0}}{\omega_{k2t}} \right| \leqslant \vartheta_2 \end{cases}$$

（4-24）

式（4-24）中，S_{k1pt} 和 S_{k2pt} 分别表示地区 A_k 内农业和工业的满意度，可以根据满意度公式，由初始分配水量与需水量来确定；

S_{kpt0} 为地区 A_k 内各行业主体的最低满意度；ω_{k1t} 和 ω_{k2t} 分别表示地区 A_k 内农业和工业的决策权重；ϑ_2 根据占用优先原则和发展优先原则来综合确定；R_{kt} 为误差系数。

行业间水权交易主要表现为工业从农业买水，要求水权交易价格应该高于农业水资源价格。因此，将水权交易调控约束表示为：

$$\begin{cases} lb_{kh} \leqslant V_{khr} \leqslant ub_{kh} \\ V_{k1r} \leqslant V_{kd} \leqslant V_{kdmax} \end{cases} \qquad (4-25)$$

式（4-25）中，lb_{kh} 和 ub_{kh} 分别表示地区 A_k 内行业 h 的水资源价格的下限和上限，可以由地区 A_k 根据实际情况来定；V_{k1r} 为地区 A_k 内农业水资源价格；V_{kdmax} 表示地区 A_k 内行业水权交易价格的最大值，是由地区 A_k 确定的，旨在防止水权交易的"负外部性"。

③上层优化模型

前面分析了上层优化的目标函数和约束函数，继而可以建立优化模型如下：

$$\max_{R_{kht}, V_{khr}, V_{kg}} R_{wk} = \zeta \cdot SB_{wk1} + (1-\zeta) \cdot SB_{wk2}$$

$$s.t. \begin{cases} \sum_{h=1}^{2} R_{kht} \leqslant R_{kt} \\ S_{khpt} \geqslant S_{kpt0} \\ \left| \dfrac{S_{k1pt} - S_{kpt0}}{\omega_{k1t}} - \dfrac{S_{k2pt} - S_{kpt0}}{\omega_{k2t}} \right| \leqslant \vartheta_2 \\ lb_{kh} \leqslant V_{kd} \leqslant ub_{kh} \\ V_{k1r} \leqslant V_{kd} \leqslant V_{kdmax} \\ 0 \leqslant \zeta, \gamma \leqslant 1 \end{cases} \qquad (4-26)$$

其中，$SB_{wk1} = \gamma \cdot \max\left(\dfrac{D_{kht} - R_{kht}}{D_{kht}}\right) - (1-\gamma) \cdot \dfrac{\sum_{h=1}^{2} b_{kht0} \cdot R_{kht}}{\max(b_{kht0}) \cdot R_{kt}}$

$SB_{wk2} = \dfrac{\sum_{h=1}^{2} B_{khpt}}{\max(b_{kht0}) \cdot R_{kt}}$

（3）区域内水资源优化配置模型

将上层优化模型和下层优化模型按照主从递阶结构进行组合，便形成了地区 A_k 水权分配的双层优化模型：

$$\max_{R_{kht}, V_{khr}, V_{kg}} B_{wk} = \xi \cdot SB_{wk1} + (1 - \xi) \cdot SB_{wk2}$$

$$s.t. \begin{cases} \sum_{h=1}^{2} R_{kht} \leqslant R_{kt} \\ S_{khpt} \geqslant S_{kpt0} \\ \left| \dfrac{S_{k1pt} - S_{kpt0}}{\omega_{k1t}} - \dfrac{S_{k2pt} - S_{kpt0}}{\omega_{k2t}} \right| \leqslant \vartheta_2 \\ lb_{kh} \leqslant V_{khr} \leqslant ub_{kh} \\ V_{k1r} \leqslant V_{kd} \leqslant V_{kd\max} \\ 0 \leqslant \xi, \ \gamma \leqslant 1 \end{cases}$$

$$\max_{Q_{kht}} B_{khpt} = B_{kht} - Q_{kht} \cdot V_{khr} - \psi_{kht} + (R_{kht} - Q_{kht}) \cdot V_{kd} \qquad (4-27)$$

$$s.t. \begin{cases} \sum_{h=1}^{2} Q_{kht} \leqslant R_{kt} \\ Q_{kht} > 0 \end{cases}$$

其中，

$$SB_{wk1} = \gamma \cdot \max\left(\dfrac{D_{kht} - R_{kht}}{D_{kht}} \right) - (1 - \gamma) \cdot \dfrac{\sum\limits_{h=1}^{n} b_{kht0} \cdot R_{kht}}{\max(b_{kht0}) \cdot R_{kt}}$$

$$SB_{wk2} = \dfrac{\sum\limits_{h=1}^{n} B_{khpt}}{\max(b_{kht0}) \cdot R_{kt}}$$

第三节　考虑公平及效率的流域水资源帕累托优化配置模型求解

从本章第二节建立的流域水资源优化配置模型可以看出，所建模型是一个多下层优化决策问题。在求解这类问题时，各下层模型由于优化目标不同，优化结果存在冲突、无法融合，致使整个问题无法求解。为求解该模型，需要采用适当措施，使各下层优化模型能够协调融合，得到上下层均满意、下层间平衡协调的优化解。

一　求解思路

在求解该问题时，基于以下几点考虑：

首先，下层主体追求的是水权交易后自身效益最大化。或者说，下层主体希望通过水权交易提高效益，且该效益相对水权交易前增长幅度越大越好。基于这一点，可以将下层优化模型的目标函数变换为水权交易前后的经济效益增长率。

其次，这里认为水权交易双方在水权交易时地位平等。我国的水权交易具有"准市场"特征，政府希望各交易双方在水权交易后的经济增长率能够尽量均衡，因此，可以将原来的下层多优化问题转化为单优化问题，取下层主体中最小的经济效益增长率作为下层优化目标。下层多优化问题简化为单优化问题，有效避免了下层优化间存在的冲突现象。

区域间水资源优化配置和区域内优化配置是同一类优化问题，这里选择区域间优化配置模型进行研究。

地区 A_k 水权交易前的经济效益（除去水资源费）可以表示为：

$$B_{kbt} = b_{kt0} \cdot R_{kt} - V_r \cdot R_{kt} \tag{4-28}$$

地区 A_k 水权交易后的经济效益为：

$$B_{kpt} = B_{kt} - Q_{kt} \cdot V_r - \varphi_k(D_{kt} - Q_{kt}) + (R_{kt} - Q_{kt}) \cdot V_d \tag{4-29}$$

则地区 A_k 在水权交易前后的经济效益增长率为：

$$\frac{B_{kpt} - B_{kbt}}{B_{kbt}} \tag{4-30}$$

继而，基于以上两点考虑，区域间水资源优化配置模型为：

$$\max_{R_{kt}, V_r, V_g} B_w = \rho \cdot SB_{w1} + (1 - \rho) \cdot SB_{w2}$$

$$s.\,t. \begin{cases} \sum_{k=1}^{K} R_{kt} \leqslant RT_t - RE_t - RC_t \\ S_{kpt} \geqslant S_{pt0} \\ \left| \dfrac{S_{kpt} - S_{pt0}}{\omega_{kt}} - \dfrac{S_{jpt} - S_{pt0}}{\omega_{jt}} \right| \leqslant \vartheta_1 \\ lb \leqslant V_r \leqslant ub \\ V_r \leqslant V_d \leqslant V_{d\max} \end{cases} \quad (4-31)$$

$$\min \frac{B_{kpt} - B_{kbt}}{B_{kbt}}$$

$$s.\,t. \begin{cases} \sum_{k=1}^{K} Q_{kt} \leqslant RT_t - RL_t - RE_t - RC_t \\ \sum_{k=1}^{K} R_{kt} \leqslant RT_t - RL_t - RE_t - RC_t \\ Q_{kt} > 0 \end{cases}$$

二　基于响应面法的算法设计

双层优化问题是一类具有主从递阶关系的数学模型，下层的优化问题嵌套于上层优化模型的求解过程中。为了对上层进行优化，需要先对下层进行优化，将得到的优化解再代入上层优化模型，继而对上层优化模型进行求解，求解过程较为复杂。若模型中的目标函数与约束函数为非线性或不连续时，全局最优解的求解将变得更为复杂和困难。对两层优化问题求解的关键是如何计算上层模型中包含的下层优化变量，最直接的方法是求解下层优化模型来获得。这种处理方法存在两点不足：一是计算过程较为复杂，计算成本较高；二是可能引起上层模型中的目标函数和约束函数不连续，造成模型的求解困难。为了改善这种情况，本书引入响应面法来求解下层优化变量，提出了基于响应面法的双层模型优化算法。

1. 算法的基本思路

响应面法（RSM）是结合近似模型技术和试验设计方法的多变量建模方法。它可以基于一系列试验样本，拟合一个明确表达的函数或模型，来近似表示一个复杂的"黑箱子"问题。对于文中的双层优化模型，可以将下层优化看成是一个"黑箱"。黑箱的输入是模型基本参数，输出是优化变量的最优解，而响应面法的任务即是拟合一个明确表达的数学模型来近似表示下层优化变量与下层基本参数的关系。在求解下层优化变量时，通过采用响应面模型来计算，避免了复杂的下层优化模型求解过程，从而简化了整个双层优化问题的求解复杂度，并且更利于全局最优解的获得。以区域间配置模型为例来说明该算法的求解流程，如图4.4所示，将下层优化求解用响应面模型计算来替代。

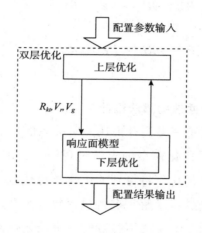

图4.4 基于响应面法的求解流程

2. 基于响应面法的算法步骤

基于响应面的算法的具体步骤为：

Step1. 通过试验设计和响应面技术，来构建下层优化变量的响应面模型。

Step2. 在对上层优化模型求解时，采用响应面模型来计算下层模型的优化变量。

Step3. 将所得的下层优化变量值作为已知参数，采用优化算法求解上层优化模型。

从上述计算步骤可以看出，下层响应面模型构建是本书方法的关键。因此，本书对响应面模型的构建方法进行了研究。

3. 响应面模型构建方法

响应面模型的构建通常可以分为三步：

Step1. 确定试验设计方法，并进行试验，获得所需的试验样本；

Step2. 确定近似模型形式，并以试验样本为基础，采用非线性回归等方法，求解近似模型中的待定系数；

Step3. 对构建的近似模型进行精度检验。

从中可以看出，在构建响应面模型时，有两个关键技术：一是试验设计方法，二是近似模型技术。下面分别对两者进行分析。

（1）试验设计方法

试验设计方法是一类在设计空间内合理而有效地挑选试验点的抽样方法。在响应面构造过程中，通过试验设计，可以在较低的试验成本下，更有效地获取响应面模型的数据信息。常用试验设计方法包括全因子设计、部分因子设计、中心组合设计、正交设计、均匀设计等。

全因子与部分因子设计法：全因子设计法将每个设计变量的所有水平进行组合形成试验方案，能够全面反映设计变量及其交互作用对输出响应的影响，因此分析比较全面，结论比较准确。但由于所需试验样本量较大，在多因素、多水平情况下，昂贵的试验成本将难以承担。为了解决这个问题，部分因子设计法忽略部分因子间的交互作用对输出响应的影响，有效降低了试验成本。

中心组合设计法：该方法的试验点由二水平全因子设计样本点、1个中心点以及沿每一维方向附加的2个试验点组成，对应的试验次数为 $2^n + 2n + 1$，n 为设计变量个数。对于三维设计空间，中心组合设计法的试验点如图 4.5 所示。

上述试验设计方法均存在试验样本数随设计变量数和设计水平数增大而急剧增加的问题[159]。对于试验难度大、模型计算成本高的问题，大试验样本将造成高昂的试验成本。因此，这些方法的适用性有限，需要研究更高效的试验设计方法。

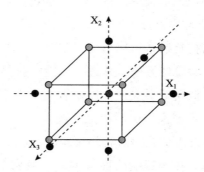

图4.5　中心组合设计样本点

①正交设计法

正交设计是根据正交性准则挑选样本点，来实现各因素各水平的均衡搭配。正交设计的试验样本具有两个特点，即均匀分散性和整齐可比性。均匀分散性使样本点更具有全局代表性；整齐可比性使样本点更便于试验数据分析。然而，为了保证整齐可比性，正交设计对任意两个因素都必须选择全面试验，每个因素的各个水平均有重复[160]。这样一来，正交试验的样本数就必须足够多才能保证试验点在设计空间内充分均匀分散。通常情况下，正交试验的样本数是水平数平方的整数倍。因此，正交试验只适合水平数较少（一般小于等于5）的多因素试验。

②均匀设计法

在选择响应面的试验设计方法时，更看重的是抽样点的代表性和均匀性。因此，从这点来看，正交设计所具有的"整齐可比性"更适用于数理统计中的方差分析，而在响应面构造时这一特点并没有体现和发挥出来，相反却带来了较大的试验负担。鉴于此，均匀设计在安排试验时，忽略了整齐可比性，而只侧重于均匀分散性。通常情况下，均匀设计的试验样本数等于因素的水平数，或者是因素水平数的倍数，远少于正交设计的样本数。

图 4.6 显示了两因素情形下均匀设计与正交设计的区别。从图 4.6 中可以看出，正交设计仅选取了 5 个水平，每个水平重复 5 次，而均匀设计则选取了 25 个水平，每个水平仅试验 1 次。因此，均匀设计的试验点分散性更好，也更具有全局代表性。

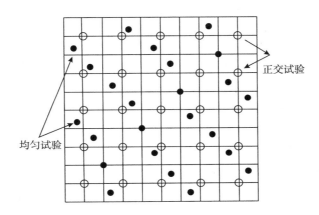

图 4.6　均匀设计与正交设计的抽样点

（2）近似模型技术

近似模型选择的合适与否，将直接影响到响应面的精度和效率。目前，应用较多的近似模型包括多项式函数、Kriging 模型、径向基模型、神经网络、支持向量机等。研究人员按非线性适应能力、计算成本、数据平滑能力这些特性，对这些近似模型进行了分析和比较，结果如表 4.1 所示。

表 4.1　　　　　　　　　基本近似模型的比较

近似模型	非线性适应能力	是否贯穿样本点	计算成本	数据平滑能力
多项式函数	弱	否	低	强
Kriging 模型	强	是	高	中
径向基模型	中	是	中	弱
神经网络	强	否	高	中
支持向量机	强	否	高	强

由表 4.1 可以看出，每一种基本近似模型都有各自的优缺点，并不存在一种最优的万能模型。为此，在构造响应面时，应根据使用需求，针对所研究问题的具体特征，选择一种最合适的近似模型。

4. 响应面模型构建

以区域间水资源混合配置模型进行研究，构建下层优化的响应面模型。考虑到计算成本和计算精度两个因素，这里选择均匀设计作为响应面的试验设计方法，分别选取二次多项式和 Kriging 模型来作为近似模型形式，继而可以得到两种类型的响应面构建方式。

（1）均匀设计 + 二次多项式

该方法采用均匀设计表来进行试验设计，并采用最小二乘法来求解二次多项式函数中的待定系数。

①均匀设计

均匀设计需要依据均匀设计表来进行。均匀设计表的使用如表 4.2 所示。

每一个均匀设计表有一个代号 $U_n(q^s)$ 或 $U_n^*(q^s)$，其中 U 表示均匀设计，n 表示要做 n 次试验，q 表示每个因素有 q 个水平，指数 s 表示最多只能安排 s 个因素。均匀设计表的右上角加" * "和不加" * "代表两种不同类型的均匀设计表，加" * "的均匀设计表有更好的均匀性，应优先选用。表 4.2 为均匀设计表 $U_7(7^4)$，它表示用这张表安排试验要做 7 次试验，且最多可以安排 4 个因素。

表 4.2 均匀设计表 U_7 (7^4)

列号\试验号	1	2	3	4
1	1	2	3	6
2	2	4	6	5
3	3	6	2	4
4	4	1	5	3
5	5	3	1	2
6	6	5	4	1
7	7	7	7	7

需要注意的是，均匀设计表任意两列之间不一定是平等的，因此，使用均匀设计表一般不宜随意排列，而应当选择均匀性搭配得比较好的列[159]。每个均匀设计表都附有一个使用表，指示我们如何从设计表中选择合适的列，以及由这些列所组成的试验方案的均匀度。表4.3 是均匀设计表 $U_7(7^4)$ 的使用表，最后 1 列 D 是刻划均匀度偏差的数值，偏差值越小，表示均匀度越好。从使用表中看到，若有两个因素，应选用 1、3 两列来安排试验；若有 3 个因素，应选用 1、2、3 这 3 列；若有 4 个因素，应选用 1、2、3、4 这 4 列安排试验。

表 4.3　　　　　　　　　**均匀设计表 U_7（7^4）的使用表**

S	列号				D
2	1	3			0.2398
3	1	2	3		0.3721
4	1	2	3	4	0.4760

②二次多项式近似模型技术

当要近似表示的模型非线性程度不是很大时，选用二次多项式表示的响应面函数，既可以保证响应面的稳定性，又可以保证求解精度。在估算响应面函数的待定系数时，最常用的方法是最小二乘法。为了说明最小二乘法的应用，响应面函数形式选用不含交叉项的二次多项式。

$$\overline{g}(x) = b_0 + \sum_{i=1}^{n} b_i x_i + \sum_{i=1}^{n} b_{n+i} x_i^2 \qquad (4-32)$$

抽取 $m(m \geqslant 2n+1)$ 个实验点 $x_j = (x_{j1}, x_{j2}, \cdots, x_{jn})^T$, $j=1$, 2, $\cdots$, m, 并求得相应各点的极限状态函数值 $y = (g(x_1), g(x_2), \cdots, g(x_m))^T$。然后由式(4-32)所示的最小二乘法求得待定系数列阵 $b = (b_0, b_1, b_2, \cdots, b_n, b_{n+1}, b_{n+2}, \cdots, b_{2n})^T$。

$$b = (A^T A)^{-1} A^T y \qquad (4-33)$$

式（4-33）中，矩阵 A 为抽样点构成的 $m \times (2n+1)$ 阶矩阵，其形式如式（4-34）所示：

$$A = \begin{bmatrix} 1 & x_{11}, & x_{12}, & \cdots, & x_{1n}, & x_{11}^2, & x_{12}^2, & \cdots, & x_{1n}^2 \\ 1, & \vdots, & \vdots, & \ddots, & \vdots, & \vdots, & \vdots, & \ddots, & \vdots \\ 1, & x_{m1}, & x_{m2}, & \cdots, & x_{mn}, & x_{m1}^2, & x_{m2}^2, & \cdots, & x_{mn}^2 \end{bmatrix} \quad (4-34)$$

多项式响应面模型具有良好的连续性和可导性，能较好地去除数值噪声，极易实现寻优，而且根据式中各分量的系数的大小，可以判断各项参数对整个系统响应影响的大小。但多项式响应面在处理高度非线性的高维问题时，拟合预测效果将不太理想，而且在多项式阶数较高时还会出现过拟合现象。这些问题是由多项式表述高度非线性问题能力不足所造成的，为了能够利用多项式方法构造合适的模型，可以根据所研究问题特点用适当的函数取代多项式响应面函数中的 x，从而建立广义多项式响应面模型。

③构建步骤

Step1. 采用均匀设计表，在输入变量 R_{kt}、V_r、V_g 取值范围内，确定输入变量 R_{kt}、V_r、V_g 的试验样本。

Step2. 以每一组试验样本 $\{R_{kt}, V_r, V_g\}$ 为参数，分别进行下层模型优化，求得与之相对应的优化变量 $\{Q_{kt}\}$ 响应值。

Step3. 选取不含交叉项的二次多项式作为响应面模型，采用最小二乘法，计算该二次多项式函数的待定系数。

（2）均匀设计 + Kriging 模型

该方法的试验设计同样选取均匀设计方法，区别在于近似模型选用的是 Kriging 模型。

①Kriging 模型法

Kriging 模型法采用均值为零的平稳随机过程描述复杂仿真分析模型的真实响应关系，以随机过程相关函数计算权值的距离加权插值方法，它假定自变量与响应值的真实关系可用式（4-35）表示：

$$y = g(x) + z(x) \quad (4-35)$$

式中，$g(x)$ 为确定部分，可用多项式拟合，如 $g(x) = \sum_{i=1}^{p} \beta_i f_i(x)$；$z(x)$ 为涨落，是均值为零的随机过程。

Kriging 模型对待测点响应值的预测是通过对样本点真实响应值的线性加权来实现的，可用式（4-36）表示：

$$\overset{\tau}{y} = \sum_{i=1}^{n} w_i y_i \tag{4-36}$$

式中，$\overset{\tau}{y}$ 为待测点预测值；$w = [w_1, w_2, \cdots, w_n]'$ 为权系数。

当预测模型满足无偏条件和要求预测方差最小时，权系数有如下形式：

$$w(x) = R^{-1}\{r(x) - G(G^T R^{-1} G)^{-1}[G^T R^{-1} r(x) - g(x)]\}$$
$$\tag{4-37}$$

式（4-37）中，R 为相关函数；r 为相关函数中的核函数，例如，Gauss 函数和指数函数；$G = [g(x)^1, g(x)^2, \cdots, g(x)^n]'$ 为所有样本点的响应值向量。

将权系数（4-37）代入式（4-36）即可对待测点的响应值进行预测。

在相关函数作用下，Kriging 模型方法具有局部估计特点，对非线性程度较高问题具有良好适应性，可广泛用于拟合低阶或高阶非线性模型。但 Kriging 模型需要通过极大似然估计获得参数估计，寻找预测方差最小的参数，使 Kriging 模型构造比其他模型要复杂得多，需要更多的建模时间。

②构建步骤

Step1. 采用均匀设计表，在输入变量 R_{kt}、V_r、V_s 取值范围内，确定输入变量 R_{kt}、V_t、V_s 的试验样本。

Step2. 以每一组试验样本 $\{R_{kt}, V_t, V_g\}$ 为参数，分别进行下层模型优化，求得与之相对应的优化变量 $\{Q_{kht}\}$ 响应值。

Step3. 选取 Kriging 模型作为响应面模型，计算该 Kriging 模型的待定系数。

三 算例分析

（1）区域间水资源优化配置算例

假设某一流域除去基本用水外，可供流域管理机构分配的水资源总量为 84 亿立方米，该流域内有 2 个用水地区，用水地区 1 和用水地区 2 的需水量分别为 47 亿立方米和 45 亿立方米，最大需水量为 47 亿立方米和 45 亿立方米，最小需水量分别为 30 亿立方米和 28 亿立方米。用水地区 1 和用水地区 2 的决策权重分别为 0.55 和 0.45。

地区 1 的初始单位用水效益为 75 元/立方米，节水后单位用水效益为 90 元/立方米，节水成本函数为 $7 \cdot (D_1 - Q_1)^2$。用水地区 2 的初始单位用水效益为 85 元/立方米，节水后单位用水效益为 97.75 元/立方米，节水成本函数为 $9 \cdot (D_2 - Q_2)^2$。水资源费率为 V_t，且 $0.4 \leqslant V_t \leqslant 2.0$，水权交易基准价格为 V_s，水权交易价格函数为：$V_g - 0.01 \cdot (R_1 + R_2 - Q_1 - Q_2)$，且 $V_t \leqslant V_g \leqslant 4.0$。

该问题的优化变量为地区 1 和地区 2 的初始分配水量 R_1 和 R_2，取水量 Q_1 和 Q_2，水资源费率 V_r，水权交易基准价格 V_g。根据式（4-14）构建该问题的优化模型，并取最低满意度为 0.7，误差系数为 0.01。通过计算，得出该问题的优化解为：$R_1 = 43.096$ 亿立方米，$R_2 = 40.904$ 亿立方米；$Q_1 = 42.446$ 亿立方米，$Q_2 = 41.554$ 亿立方米；水资源费元 $V_t = 0.4$；基准价格 $V_g = 0.8$ 元，见表 4.4。

表 4.4　　考虑公平及效率的区域间水资源优化配置算例结果

区域主体	最低满意度	分水量（亿立方米）	取水量（亿立方米）	水资源费（元）	交易基准价格（元）	满意度	决策权重	交易前效益（亿元）	交易后效益（亿元）
地区 1	0.7	43.096	42.446	0.4	0.8	0.770	0.55	3215	3658.5
地区 2	0.7	40.904	41.554	0.4	0.8	0.759	0.45	3460.4	3937.4

注：基本用水量在分配时优先全额满足，表中所分水量不包括基本用水量。

从表4.4可以看出：

①地区1的满意度为0.770，地区2的满意度为0.759，均大于最低满意度0.7，且地区1的满意度略高于地区2的满意度，这既实现了用水主体的最低满意度约束，实现了配置的公平性，同时又满足了对地区之间差异性的考虑。

②水量交易能够有效地提高区域间水资源配置的效率：地区1的取水量42.446亿立方米与初始分配水量43.096亿立方米相比，减少0.65亿立方米；地区2的取水量41.554亿立方米与初始分配量40.904亿立方米相比多出0.65亿立方米，即地区1与地区2的水权交易量为0.65亿立方米，此时，地区1的效益由3215亿元增加为3460.4亿元，地区2的效益由3658.5亿元增加为3937.4亿元。

（2）区域内水资源优化配置算例

本部分以地区1为例，进行区域内水资源优化配置计算。

由上一算例可知，地区1从流域获得的除基本用水之外的取水量为42.446亿立方米。农业灌溉实际需水量和最高需水量为17亿立方米，最低需水量为8亿立方米。工业生产实际需水量和最高需水量为30亿立方米，最低需水量为17亿立方米。地区1内农业现状用水量为17亿立方米，工业现状用水量为24亿立方米；农业规划产值总量为300亿元，规划用水效率为20元/立方米；工业规划产值总量为4480亿元，规划用水效率为160元/立方米。

农业目前用水效率为15元/立方米，节水后用水效率增长率为0.2；节水成本函数为 $2 \cdot (D_{11} - Q_{11})^2$。工业目前用水效率为140元/立方米，节水后用水效率的增长率为0.15，节水成本函数为 $14 \cdot (D_{12} - Q_{12})^2$。农业水资源费价格为 V_{11r}，且 $0.3 \leqslant V_{11r} \leqslant 2.0$；工业水资源费价格为 V_{12r}，且 $1.2 \leqslant V_{12r} \leqslant 5.0$。$V_{1g}$ 为水权交易基准价格，水权交易价格函数可以表示为 $V_{1g} - 0.01 \cdot (R_{11} + R_{12} - Q_{11} - Q_{12})$，且 $V_{11} \leqslant V_{1g} \leqslant 4.0$。

该问题的优化变量为：地区1内农业和工业所分配的初始水量 R_{11} 和 R_{12}，取水量 Q_{11} 和 Q_{12}，农业水资源费价格为 V_{11r}，工业水资源

费价格为 V_{12r}，水权交易基准价格 V_{1g}。取初始分配最低满意度为 0.7，满意度平衡误差为 0.01。根据上文构建优化模型，计算得出该问题的优化解为：R_{11} = 14.913 亿立方米，R_{12} = 27.533 亿立方米；Q_{11} = 14.703 亿立方米，Q_{12} = 27.743 亿立方米。V_{11} = 0.389 元，V_{12r} = 1.2 元，V_{1g} = 1.501 元。

对表4.5中的数据进行分析，可以得出：

表4.5　　考虑公平及效率的区域内水资源优化配置算例结果

行业主体	最低满意度	分水量（亿立方米）	取水量（亿立方米）	水资源费（元）	交易基准价格（元）	满意度	决策权重	交易前经济效益（亿元）	交易后经济效益（亿元）
农业	0.7	14.913	14.703	0.389	1.501	0.385	0.385	217.89	248.69
工业	0.7	27.533	27.743	1.2	1.501	0.768	0.615	3821.6	4361.8

注：基本用水量在分配时优先全额满足，表中所分水量不包括基本用水量。

①农业的决策权重为0.385，满意度为0.762，工业的决策权重为0.615，满意度为0.798，则（0.762 - 0.7）/0.385 = （0.798 - 0.7）/0.615，农业与工业各自的差异满意度与各自决策权重之比基本一致。

②农业的取水量小于分配水量，多出的0.218（14.913 - 14.703）亿立方米水用来卖给工业，获得交易收益；工业的取水量大于分配水量，多出的0.218亿立方米水需要从农业购买，并需要支付交易费用。

③农业在水权交易前的经济效益为214.06亿元，水权交易后的经济效益为243.88亿元；工业在水权交易前的经济效益为3791.2亿元，水权交易后的经济效益为4319.3亿元。说明农业和工业在水权交易后的经济效益均得到了提升，这也反映了水权交易在解决用水主体缺水的同时，能够提高水资源分配的效率。

第四节　本章小结

　　本章将市场配置方式与行政配置方式有机结合，考虑用水主体满意度协商及水量交易协商交互影响的考虑公平及效率的帕累托优化配置研究，通过算例分析发现这种方法能够在保证用水主体公平性的基础上进一步提高水资源配置效率。在行业用水主体最低满意度不变的情况下，区域地方政府主体的最低满意度的设定对区域内水资源优化配置同样存在影响。

第五章　基于政策网络的流域水资源帕累托优化配置案例研究

本章在第二章基于政策网络的流域水资源帕累托优化配置理论，以及第三章、第四章流域水资源帕累托优化配置模型的基础上，对清漳河流域水资源配置进行了实例分析研究，从实践的角度研究基于政策网络的流域水资源帕累托优化配置的合理性及可行性，为清漳河流域水资源配置提供决策支持。

第一节　清漳河流域概况

一　清漳河流域的自然概况

清漳河是海河流域南系漳河两大支流的北支，流域总面积 5142 平方千米，主河道长 146 千米。清漳河流域上游主要有东西两源，其中东源发源于昔阳县西寨乡沾领山，西源发源于八赋岭，东西两源在下交漳村汇流后形成清漳河，流域地跨山西晋中的昔阳、和顺、左权县，长治市的黎城县以及河北邯郸的涉县，多为石质山区，山高谷深，岩石裸露，含沙量小，故称清漳河。

清漳河流域属于温带大陆性气候，四季分明。春冬干旱多风，夏季温和多雨，形成主要降水季节，秋季天高气爽少雨。全年夏短冬长，年平均气温 7.8℃，无霜期 153 天左右。多年平均降雨量 502.6 毫米，多年平均水面蒸发量为 1662 毫米。清漳河降水量的年内分布很不均匀，全年降水量主要集中在 6—9 月，降雨量占全年降水量的 70% 以上，汛期降水量主要集中在 7 月、8 月两月。清漳河径流的年际变化较大，径流量最大的年份为 1963 年的 18.2 亿立方米，径流量最小的年份为 1980 年的 1.43 亿立方米，径流量最大最小之比高达 12.7。

2010 年年底，清漳河流域总人口 83.99 万人，其中城镇人口 19.12 万人，占总人口的 23%，GDP 为 233.8 亿元，工业总产值 624.6 亿元，耕地面积 96.41 万亩，农田有效灌溉面积 16.72 万亩，实际灌溉面积 14.26 万亩。

清漳河流域自然资源丰富，矿产有煤、铁、铝、铅等 20 余种；粮食作物有玉米、谷子、小麦、水稻等。

图 5.1　清漳河流域

二 清漳河流域的水资源配置概况

漳河流域是全国水事矛盾最尖锐的地区之一，其上游水事纠纷始于 20 世纪 50 年代，水事纠纷案件频发。流域内以山区地貌为主，低山及丘陵面积较大，山地一般土壤层较薄，土壤侵蚀较重，土地贫瘠，自然环境恶劣，沿河大多数村庄人均仅有几分耕地，因此，易于耕作、单产较高的河滩地被当地农民视为"保命田"，成为争夺的对象。为争水、争滩地等生存的基本资源，沿河村庄竞相拦河建坝、围河造地、建坝护地、凿洞引水，从而使界河两岸的群众经常发生利益冲突，形成对峙争斗，造成人员伤亡和巨大经济损失，直接影响该地区社会稳定和经济发展（见表 5.1）。

表 5.1　　　　　　　　　漳河流域主要水事纠纷及管理协议

时间	水事纠纷	管理协议
1976 年	因围河造地，河北、河南两个沿河村庄发生大规模的群众持枪械斗事件	
1980 年	1980 年前后，先后发生了河南红旗渠、河北大跃峰渠、白芟渠被炸，沿河村庄遭炮击及械斗流血事件 30 余起	
1989 年		国务院批转了各方历时五年协商形成的《漳河水量分配方案》（又称为国务院 42 号文）
1990 年		成立海委漳卫南局漳河水政水资源管理处，主要负责 108 千米河段水事纠纷的调处和落实《漳河水量分配方案》
1991 年	12 月，河北省涉县黄龙口村与河南省林县前峪村因修水利工程引发纠纷，互相炮击	
1992 年		1 月，河北、河南两省签署了《关于解决漳河水事纠纷的协议书》

续表

时间	水事纠纷	管理协议
1992 年	8 月，河南省林县红旗渠总干渠被炸，数十米渠墙被炸毁，村庄被冲淹，直接损失近千万元，在国内外产生了一定的影响	
1997 年	6 月，河北省涉县白芟渠连续四次被炸	《漳河上游侯壁、匡门口至观台河段治理规划》（以下简称 97 规划）经水利部正式批准
1998 年	5 月，冀、豫两省沿河村庄为争夺滩地发生了炮击和破坏水利工程事件	7 月，水利部会同公安部与河北、河南两省签署了《关于打击破坏水利工程违法犯罪活动解决漳河上游水事纠纷有关问题的协议》
1998 年		11 月，经水利部、公安部协调，冀、豫两省签署了《河北、河南两省落实"7·9"协议会商纪要》
1999 年	春节期间，河南的古城村与河北的黄龙口村发生了大规模的爆炸、炮击事件	
2001 年		根据漳河上游近年来的水文资料，遵循 42 号文件和《规划》提出的水量分配原则，《漳河上游侯壁、匡门口至观台河段水量分配实施方案》试行稿发布
2004 年	2 月 18 日下午，河南安阳县东岭西村与河北涉县田家嘴村村民发生械斗流血事件	
2008 年	河北省涉县丁岩电站拦河坝违规实施超高施工，引发漳河干流左岸上下游水事纠纷	
2009 年	山西省在清漳河上修建泽城西安水电站（二期）工程，引发晋冀水事纠纷	

续表

时间	水事纠纷	管理协议
2010 年	山西省平顺县石城村水电站擅自加固拦河坝，改变了引水现状，引发晋豫水事纠纷	
2011 年	河北省涉县黄龙口隧洞工程引发冀豫水事纠纷	
2012 年	山西省平顺县在浊漳河上游修建溯头水电站引发的晋冀豫三省水事纠纷	

从表 5.1 中不难发现：近年来，原有的漳河干流左右岸矛盾逐渐演化为上下游省份之间的矛盾。长期以来，清漳河流域采用的是分段管理的水资源配置方式，山西和河北各省分别管理和支配本省境内的清漳河河段的水资源，目前，并未成立专门的清漳河统一管理机构，且对清漳河山西出境水量并未做出明确规定。在水资源相对丰富的情况下，各省各取所需，并无水事矛盾，但是随着清漳河年供水量减少与各省需水量增加这一矛盾越来越突出，两省之间关于清漳河水资源取用的水事冲突越来越频发。2009 年，河北涉县因山西在清漳河上游动工，质疑山西省以建泽城西安水电站（二期）为名修建下交漳水库，称一旦工程建成，将截断清漳河基流，涉县40 万人将面临无水可吃的严重问题。山西回应其修建的是实实在在的水电站，不是水库，也不会影响下游用水。由此，引发晋冀清漳河水事矛盾。为妥善解决这次水事矛盾，2010 年 2 月 11 日，水利部、国家发展和改革委员会在北京召开了泽城西安水电站水事矛盾协调会，达成了《水利部国家发展和改革委员会河北省人民政府山西省人民政府关于解决清漳河泽城西安水电站（二期）工程水事矛盾的协议》。协议规定，在国家批准清漳河水量分配方案之前，山

西省不从该工程引水，并且海河水利委员会要尽快编制清漳河水量分配方案，明晰水权。海河水利委员会对此项工作高度重视，于2011年3月1日，在天津主持召开了清漳河水资源配置方案编制工作启动会，成立了由海河水利委员会、山西省、河北省等参加的清漳河水资源配置方案领导小组和编制组，标志着清漳河水资源配置方案编制工作已全面启动，清漳河水资源管理工作迈上了新的台阶。

虽然清漳河水资源配置得到了流域管理机构的重视，并且相应的工作正在逐步开展，但是由于该流域水资源配置的复杂性，清漳河水资源配置的管理工作仍然存在一些长期性问题。一是流域管理与区域管理结合不够密切，责任划分不清，流域管理的基础相对薄弱，作用发挥不明显；二是水资源开发利用的监督管理手段不完备，可操作性差，尤其在用水主体之间的矛盾处理上，缺乏健全的协商手段以及协商机制；三是管理法规不完备，水资源统一管理缺乏相关法规、制度的支持，且缺乏统一完整、科学合理、行之有效的水资源配置方案。

第二节　基于政策网络的清漳河流域水资源帕累托优化配置方案

一　清漳河流域水资源配置的网络特征

清漳河流域水资源配置所涉及的主体包括漳河上游管理局、山西省（长治市和晋中市）、河北省（涉县）、晋冀各省内不同用水主体（生活用水主体、工业用水主体、农业用水主体、生态用水等）。清漳河流域水资源配置主体呈现出明显的网络特征，如图5.2所示。

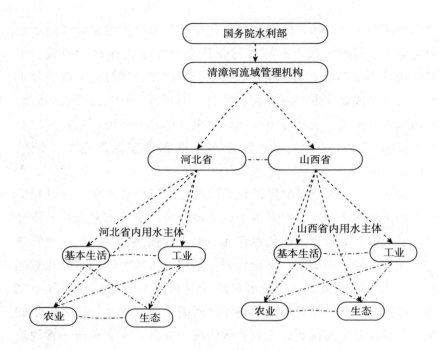

图 5.2 漳河流域水资源配置主体的结构特征

下面对各主体的职责进行分析：

（1）漳河上游管理局在水资源配置方面承担的主要职责

负责组织拟定管辖范围内水利发展规划，负责相关规划的监督实施。负责管辖范围内水资源的管理和监督。负责管辖范围内水文工作。负责《水法》《防洪法》等法律、法规以及流域性水利政策的实施和监督检查。

（2）山西省

漳河流域侯壁水电站以上河段由山西省独立管理，仅侯壁以下河段归属漳河上游管理局管理。漳河上游山西省区域已初步形成以煤炭、电力、冶金、机械、化工、建材、轻纺、医药和食品为主的综合工业体系。山西省水利部门对区域内的水资源在各个行业之间进行配置，并负责颁发取水许可。近年来，长治市大力发展煤化工等循环经济，一些煤化工项目逐渐启动，逐渐形成新型煤化工产业集群，需水量越来越大，其对浊漳河的取水量不断增加。同时，在清漳河上游，山西省也计划修建自己的水库，如2009年，山西计划在清漳河上游修建吴家庄水库，引发了下游河北涉县沿河16万群众的"万民书"请愿。

（3）河北省

河北省涉县40万人民的生活饮水主要来源于清漳河地表径流或补给地下水，区域内有大跃峰、小跃峰等多个大型灌区，同时，涉县是国家批准的以电代燃料重点项目示范县，有天铁集团等多个电厂。河北省水利部门对区域内灌区、电厂等工业部门的水资源使用进行配置。河北省涉县对清漳河的依赖程度较大，上游山西省引水量直接影响涉县的生活生产秩序。

二　清漳河流域水资源帕累托优化配置及结果分析

在对清漳河流域进行水资源配置时，根据模型构建部分的研究，在区域内水资源配置中，基本生活用水和生态用水的优先级高于农业、工业主体，在配置中予以全额优先满足。因此，在案例研究中，对区域内水资源进行配置时，主要考虑扣除基本生活需水和生态环境需水后余下的可用水资源总量在农业、工业用水主体间如何进行优化配置，即区域内水资源配置中，主要考虑农业和行业用水主体。

1. 考虑公平的清漳河流域水资源帕累托优化配置及结果分析

清漳河流经山西的晋中和长治市以及河北境内的邯郸市，其流域供水、需水情况以及农业、工业情况如表5.2所示，基本生活用水情况如表5.3所示。本部分对清漳河流域内的水资源进行初始分配，旨在确定清漳河流域内山西和河北两省的分配初始水量。

从表5.2中可以看出，2010年清漳河的总供水量（除去生态用水）为1.6699亿立方米，清漳河流域内山西省两市基本生活用水量为0.1520亿立方米，河北省邯郸市基本生活用水量为0.1400亿立方米，三市总的基本生活用水量为0.2920亿立方米。由于基本粮食用水没有数据，且这部分水量通常较小，因此，这里暂不予以考虑。在进行水资源分配时，首先按照基本用水原则，优先保证三个城市的基本生活用水，剩余水量再进行分配，清漳河流域除去基本生活用水后，可供分配的水资源总量为1.3779亿立方米。

表5.2　　　　　清漳河流域供需水以及农工业用水情况

流域范围	子区	行政分区	总供水量（万立方米）	灌溉面积（万亩）	农业用水定额（立方米/亩）	渠系利用系数	工业用水定额（立方米/万元）	总需水量（万立方米）
清漳河	清漳河山西境内	晋中市	4232	11.7	300	0.49	71	4444
		长治市	717	2.99	300	0.49	97	736
	总计		4949	14.69	—	—	—	5180
	清漳河河北境内	邯郸市	11750	18.5	548	0.49	43	12033
总计			16699	33.19				17213

表5.3　　　　　　清漳河流域基本生活用水情况

流域范围	子区	行政分区	城镇人口（万人）	城镇用水指标（L/人·天）	农村人口（万人）	农村用水指标（L/人·天）	大牲畜（万头）	小牲畜（万头）	大牲畜用水（L/日·头）	小牲畜用水（L/日·头）
清漳河	山西境内	晋中市	8.58	125	22.44	62	7.54	67.9	35	15
		长治市	0.54	62	7.34	40	0.87	4.09	35	15
	河北境内	邯郸市	10.12	142	35.46	45	5.26	41.23	35	15

对于清漳河流域山西区域来说，其总需水量为0.518亿立方米，除去基本用水量后，其实际需水量为0.3660亿立方米，最大需水量同样为0.3660亿立方米，最小需水量为0.1830亿立方米。对于流域内的河北来说，其总需水量为1.2033亿立方米，除去基本用水量后，其实际需水量为1.0633亿立方米。最大需水量同样为1.0633

亿立方米，最小需水量为 0.5317 亿立方米。

清漳河山西境内可供水量为 0.4949 亿立方米，现状用水量为 0.5180 亿立方米，总人口为 38.9 万人，用水效益系数为 114 元/立方米。清漳河河北境内可供水量为 1.1750 亿立方米，现状用水量为 1.2033 亿立方米，总人口为 45.58 万人，用水效益系数为 233 元/立方米。

（1）考虑公平的清漳河流域区域间水资源帕累托优化配置模型

依据清漳河水资源现状，建立如下区域间水资源优化配置模型：

$$
\min \left[\begin{array}{l} \beta \cdot \max\left(\dfrac{0.3660 - R_1}{0.3660}, \dfrac{1.0633 - R_2}{1.0633}\right) - \\ (1-\beta) \quad \cdot \dfrac{120 \cdot R_1 + 233 \cdot R_2}{233 \cdot 1.3779} \end{array} \right]
$$

$$
\left\{ \begin{array}{l} R_1 + R_2 \leqslant 1.3779 \\ S_1 \geqslant S_0 \\ \left| \dfrac{S_1 - S_0}{\omega_1} - \dfrac{S_1 - S_2}{\omega_2} \right| \leqslant \varepsilon_1 \\ 0 \leqslant \beta \leqslant 1 \end{array} \right. \tag{5-1}
$$

式（5-1）中，R_1 和 R_2 分别为山西省和河北省的分配水量，为该模型的优化变量。β 为目标函数中的缺水率子目标权重。S_1 和 S_2 分别为山西省和河北省的满意度，S_0 为最低满意度。ω_1 和 ω_2 分别为山西省和河北省的决策权重，ε_1 为满意度平衡误差。

取 $\beta = 0.6$，$S_0 = 0.8$ 或 0.7，$\varepsilon_1 = 0.1$。通过优化计算，可以得出该问题的优化解为：$R_1 = 0.3436$ 亿立方米，$R_2 = 1.0343$ 亿立方米；整个流域的缺水率为 0.061，经济效益为 280.16 亿元。山西在分水时的决策权重 $\omega_1 = 0.347$，河北在分水时的决策权重 $\omega_2 = 0.653$。计算结果及其现状缺水率如表 5.4 所示。

从计算过程和计算结果（见表 5.4）可以看出：

①在表 5.4 中，可以发现在不同的最低满意度设置情况下，清漳河满意配置结果下山西与河北的缺水率均小于目前实际配置中两

省 的 缺 水 率 （0. 061 ＜ 0. 122，0. 027 ＜ 0. 058，0. 084 ＜ 0. 122，0. 019 ＜ 0. 058），说明流域水资源满意配置模型通过满意度协商提供各用水主体的沟通渠道，能保证水资源配置的公平性。

表 5.4　　　　　考虑公平的清漳河流域区域间水资源
优化配置结果与现状缺水率

最低满意度 S_0	地区	需水量（亿立方米）	分配水量（亿立方米）	决策权重	满意度	缺水率	现状缺水率
0.8	山西	0.3660	0.3436	0.347	0.878	0.061	0.122
	河北	1.0633	1.0343	0.653	0.945	0.027	0.058
0.7	山西	0.3660	0.3351	0.347	0.831	0.084	0.122
	河北	1.0633	1.0428	0.653	0.961	0.019	0.058

注：基本用水量在分配时优先全额满足，表中所分水量不包括基本用水量。

②当 $S_0 = 0.8$ 时，山西省和河北省的满意度为 0.878、0.945，均高于设定的最低满意度 0.8；当 $S_0 = 0.7$ 时，山西省和河北省的满意度为 0.831、0.961，均高于设定的最低满意度 0.7，保障了清漳河流域分水活动中的公平性。山西省和河北省在供水量、地区人口和现状用水方面的差别，通过在分水活动中的决策权重差异来体现：两省份高于最低满意度的部分（差异满意度）与各自决策权重成正比，即当 $S_0 = 0.8$ 时，$(0.878 - 0.8)/0.347 = (0.945 - 0.8)/0.653$，当 $S_0 = 0.7$ 时，$(0.831 - 0.7)/0.347 = (0.961 - 0.7)/0.653$，这又体现了各自在分水活动中决策的差异性，有利于提高两省对分水方案的满意程度。

③模型的求解过程是一个分水方案反复迭代的过程，判断指标是山西省和河北省对分水方案的满意度，约束准则为两省份满意度需满足平等性和公平性。因此，该优化过程实现了在实际分水活动中用水主体的多阶段协商过程，从而使山西省和河北省参与水资源分配的决策过程，为其利益诉求提供了渠道，使水资源分配方案的

可操作性更强。

④清漳河流域管理机构通过调整最低满意度，可以实现对分水活动中的平等性和公平性进行调控。在实际分水协商过程中，当山西省和河北省更为关注分水活动的公平时，清漳河流域管理机构可以适当调高最低满意度，从这点来看，该模型能够借助最低满意度这个参数来更精确模拟实际的分水协商过程，模型的可行性和有效性更强。

（2）考虑公平的清漳河流域区域内水资源优化配置模型

清漳河流域在河北省区域主要为河北省邯郸市，因此，这里以河北省邯郸市为例。从前面计算可以得出，河北省邯郸市分得的除基本用水之外的水资源量 1.0343 亿立方米。接下来，对清漳河邯郸市区域的工农业用水进行优化配置。

邯郸市农业需水量为 0.47 亿立方米，最大需水量同样为 0.47 亿立方米，最小需水量为 0.235 亿立方米。工业需水量为 0.5933 亿立方米，最大需水量为 0.5933 亿立方米，最小需水量为 0.2967 亿立方米。农业现状用水为 0.4743 亿立方米，用水效率为 32 元/立方米；工业现状用水为 0.56 亿立方米，用水效率为 360 元/立方米。发展规划下，农业经济产值为 20.972 亿元，用水效率为 40 元/立方米；工业经济产值为 258.102 亿元，用水效率为 390 元/立方米。

建立如下邯郸市行业主体间水资源优化配置模型：

$$\min\left[\beta_2 \cdot \max\left(\frac{0.47-R_{21}}{0.47}, \frac{0.05933-R_{22}}{0.2933}\right) - (1-\beta_2) \cdot \frac{32 \cdot R_{21} + 360 \cdot R_{22}}{360 \cdot 0.343}\right]$$

$$\begin{cases} R_{21} + R_{22} \leqslant 1014.6 \\ S_{21} \geqslant S_{20} \\ S_{22} \geqslant S_{20} \\ \left|\dfrac{S_{21}-S_{10}}{\omega_{21}} - \dfrac{S_{22}-S_{10}}{\omega_{22}}\right| \leqslant \varepsilon_2 \\ 0 \leqslant \beta \leqslant 1 \end{cases} \quad (5-2)$$

式（5-2）中，R_{21} 和 R_{22} 分别为邯郸市农业和工业的初始水量，为该模型的优化变量。β_2 为邯郸市水资源分配目标中的缺水率子目标权重。S_{21} 和 S_{22} 分别为农业和工业的满意度，S_{20} 为农工业均需满足的最低满意度，ε_2 为该模型的满意度平衡误差，ω_{21} 和 ω_{22} 分别为农业和工业的决策权重，其计算过程如下：

首先，根据农工业的规划产值和规划用水效率，计算得出农业和工业的规划用水量分别为 0.5243 亿立方米和 0.6618 亿立方米。取现状用水的权重为 0.6，发展用水的权重为 0.4，则可以计算得出农业的决策权重如下：

$$\omega_{21} = 0.6 \cdot \frac{0.4743}{0.56 + 0.4743} + 0.4 \cdot \frac{0.5243}{0.5243 + 0.6618} = 0.452 \quad (5-3)$$

同理，可以求得工业的决策权重为 $\omega_{22} = 0.548$。

取 $\beta_2 = 0.5$，$S_{20} = 0.8$ 或 0.7，$\varepsilon_2 = 0.1$。通过优化计算，可以得出该问题的优化解，计算结果及现状缺水率见表 5.5。

表 5.5　　　　邯郸市水资源优化配置结果与现状缺水率

区域最低满意度 S_0	行业最低满意度 S_{20}	行业	需水量（亿立方米）	分配水量（亿立方米）	决策权重	满意度	缺水率	现状缺水率
0.8	0.8	农业	0.47	0.4556	0.452	0.939	0.031	0.058
		工业	0.5933	0.5787	0.548	0.951	0.025	0.033
	0.7	农业	0.47	0.4547	0.452	0.935	0.033	0.058
		工业	0.5933	0.5796	0.548	0.954	0.023	0.033
0.7	0.8	农业	0.47	0.4593	0.452	0.955	0.023	0.058
		工业	0.5933	0.5835	0.548	0.967	0.017	0.033
	0.7	农业	0.47	0.4583	0.452	0.950	0.025	0.058
		工业	0.5933	0.5845	0.548	0.970	0.015	0.033

注：基本用水量在分配时优先全额满足，表中所分水量不包括基本用水量。

对表 5.5 中的数据进行分析，有：

①从表 5.5 可以看出，在不同的最低满意度设置情况下，对邯郸市水资源进行满意配置后，农业主体和工业主体的缺水率与现状

缺水率相比较，均得到降低（缺水率列数值均小于现状缺水率列数值）；且两类主体对于分水方案的认可程度较高，均在 0.9 以上。同时，农业主体对于分水方案的满意度略低于工业主体，这与农业的决策权重略低于工业决策权重的事实是相符的，考虑了行业主体之间的差异性。

②在区域最低满意度 $S_0 = 0.8$ 的情况下，当行业用水主体最低满意度 $S_{20} = 0.8$ 变为 $S_{20} = 0.7$，农业的满意度由 0.939 降低至 0.935；工业的满意度由 0.951 提高至 0.954；工业和农业之间的差异满意度由 0.012 增加为 0.016。表明行业最低满意度值调低后，区域内水资源分配对行业用水主体的个体差异的重视程度增强。同时，由于工业的单方水 GDP 产值高于农业，当最低满意度 $S_{20} = 0.8$ 变为 $S_{20} = 0.7$，经计算，区域地方政府经济效益由 224.73 亿元增长为 225.07 亿元，表明行业用水主体满意度的两个组成部分：最低满意度、用水主体差异满意度的比例变化对区域总的经济效益存在影响。

③在行业用水主体最低满意度 $S_{20} = 0.8$ 的情况下，当区域最低满意度 $S_0 = 0.8$ 变为 $S_0 = 0.7$，农业最低满意度由 0.939 增加为 0.955，工业最低满意度由 0.951 增加为 0.967；而在行业最低满意度 $S_{10} = 0.7$ 的情况下，当区域最低满意度 $S_0 = 0.8$ 变为 $S_0 = 0.7$，农业最低满意度由 0.935 增加为 0.950，工业最低满意度由 0.954 增加为 0.970。表明在即使行业用水主体最低满意度不变的情况下，区域主体的最低满意度值设置对行业用水主体的分配水量存在影响。

2. 考虑公平及效率的清漳河流域水资源帕累托优化配置及结果分析

将水权交易引入到清漳河流域水资源分配活动中，旨在确定合理可行的清漳河流域水资源分配方案以及水权交易方案。

（1）考虑公平及效率的清漳河区域间水资源优化配置

配置模型的参数为，山西的需水量为 $D_1 = 0.3660$ 亿立方米，取

水量为 Q_1，节水成本函数为 $24(D_1-Q_1)^2$；河北的需水量为 $D_2 = 1.0633$ 亿立方米，取水量为 Q_2，节水成本函数为 $26(D_2-Q_2)^2$。节水前后，山西用水效率的增长率为 0.3，河北用水效率的增长率为 0.2。水资源费率为 V_r，且 $0.4 \leqslant V_r \leqslant 2.0$，水权交易基准价格为 V_g，取水权交易价格函数为：$V_g - 0.13(R_1+R_2-Q_1-Q_2)$，且 $V_r \leqslant V_g \leqslant 4.0$。山西省和河北省的最低满意度均为 $S_0 = 0.8$，平衡误差系数 $\varepsilon_1 = 0.1$。

通过优化计算，可以得出该问题的优化解为：$R_1 = 0.3458$ 亿立方米，$R_2 = 1.0321$ 亿立方米，$Q_1 = 0.3403$ 亿立方米，$Q_2 = 1.0376$ 亿立方米，水资源价格 $V_r = 0.54$ 元，水权交易基准价格 $V_g = 0.75$ 元，见表 5.6。

表5.6　考虑公平及效率的清漳河流域水资源优化配置结果

	需水量（亿立方米）	最低满意度	分水量（亿立方米）	取水量（亿立方米）	水资源费（元）	交易基准价格（元）	满意度	决策权重	交易前经济效益（亿元）	交易后经济效益（亿元）
山西	0.3660	0.8	0.3458	0.3403	0.54	0.75	0.889	0.347	39.23	50.24
河北	1.0633	0.8	1.0321	1.0376	0.54	0.75	0.941	0.653	239.92	289.53

注：基本用水量在分配时优先全额满足，表中所分水量不包括基本用水量。

对表 5.6 中的计算结果分析，有：

①山西的初始水量比取水量多出 0.0052 亿立方米，说明山西省通过节约用水，节省出 0.0052 亿立方米的水资源，节约出来的这些水以水权交易的形式卖给河北省，即河北省通过向山西购买 0.0052 亿立方米的水量解决自己的水资源不足问题。

②在水权交易进行前，山西的经济效益（除去水资源费）为 39.23 亿元，河北的经济效益（除去水资源费）为 239.92 亿元。两省进行水权交易后，山西的经济效益为 50.24 亿元，河北的经济效益为 289.53 亿元。可以看出，通过水权交易，山西省通过节约用水

能够获得更多的经济效益，河北省虽然以一定的成本向山西省买水，但最终的经济效益得到了提升，表明了水权交易能够有效地解决水资源短缺问题，提高水资源利用率。

（2）考虑公平及效率的清漳河区域内水资源优化配置

从前面计算可以得出，河北省邯郸市取的清漳河水资源量 $Q_2 =$ 1.0376 亿立方米。接下来，对邯郸市内的工农业混合配置。

在水权交易中，农业的需水量为 $D_{21} = 0.47$ 亿立方米，取水量为 Q_2，节水成本函数为 6 $(D_{21} - Q_{21})^2$；工业的需水量为 $D_{22} = 0.5933$，取水量为 $Q_{22} = 0.5905$，节水成本函数为 38 $(D_{22} - Q_{22})^2$。节水前后，农业用水效率的增长率为 0.3，工业用水效率的增长率为 0.16。农业水资源费率为 V_{21}，且 $0.18 \leqslant V_{21} \leqslant 2.0$；工业水资源费率为 V_{22}，且 $1.4 \leqslant V_{22} \leqslant 5.0$，水权交易基准价格为 V_g，取水权交易价格函数为：$V_g - 0.3 (R_{21} + R_{22} - Q_{21} - Q_{22})$，且 $V_{21} \leqslant V_g \leqslant 6.0$。

取农业、工业最小满意度均为 $S_{20} = 0.8$，平衡误差系数 ε_2 为 0.1，优化计算结果见表5.7。

表5.7　　　考虑公平及效率的邯郸市水资源优化配置结果

行业主体	需水量（亿立方米）	最低满意度	分水量（亿立方米）	取水量（亿立方米）	水资源费（元）	交易基准价格（元）	满意度	决策权重	交易前经济效益（亿元）	交易后经济效益（亿元）
农业	0.47	0.8	0.4571	0.4471	0.2	1.63	0.945	0.452	14.22	18.21
工业	0.5933	0.8	0.5805	0.5905	1.5	1.63	0.957	0.548	211.69	249.25

注：基本用水量在分配时优先全额满足，表中所分水量不包括基本用水量。

对表5.7中的结果进行分析，有：

①农业的决策权重为 0.452，满意度为 0.945，工业的决策权重为 0.548，满意度为 0.957，则（0.945 - 0.8）/0.452 =（0.957 - 0.8）/0.548，农业与工业各自的差异满意度与各自决策权重之比基本一致。

②农业的取水量小于分配水量，多出的 0.01（0.4571 -

0.4471）亿立方米水用来卖给工业，获得交易收益；工业的取水量大于分配水量，多出的 0.01 亿立方米水需要从农业购买，并需要支付交易费用。

③农业在水权交易前的经济效益为 14.22 亿元，水权交易后的经济效益为 18.21 亿元；工业在水权交易前的经济效益为 211.69 亿元，水权交易后的经济效益为 249.25 亿元。说明农业和工业在水权交易后的经济效益均得到了提升，这也反映了水权交易带来的效益增加对农业用水主体产生了节水激励，有利于提高水资源分配的效率。

3. 考虑公平的、考虑公平及效率的清漳河流域水资源优化配置结果对比分析

在前面计算结果的基础上，本部分对考虑公平的、考虑公平及效率的清漳河流域优化配置结果进行对比分析。

在清漳河流域内地方政府主体最低满意度设置为 $S_0 = 0.8$、邯郸市行业用水主体最低满意度 $S_{20} = 0.8$ 的情况下，由前面计算可得区域间、区域内的水资源满意配置与混合配置结果对比，分别见表 5.8 和 5.9。

表 5.8   考虑公平、考虑公平及效率的清漳河流域区域间水资源优化配置结果对比

	区域地方政府	需水量（亿立方米）	分水量（亿立方米）	取水量（亿立方米）	水资源费（元）	交易基准价格（元）	满意度	决策权重	交易前经济效益（亿元）	交易后经济效益（亿元）
考虑公平	山西	0.3660	0.3436	—	—	—	0.878	0.347	—	—
	河北	1.0633	1.0343	—	—	—	0.945	0.653	—	—
考虑公平及效率	山西	0.3660	0.3458	0.3403	0.54	0.75	0.889	0.347	39.23	50.24
	河北	1.0633	1.0321	1.0376	0.54	0.75	0.941	0.653	239.92	289.53

注：基本用水量在分配时优先全额满足，表中所分水量不包括基本用水量。

表5.9 考虑公平、考虑公平及效率的邯郸市
水资源优化配置结果对比

	行业主体	需水量(亿立方米)	分水量(亿立方米)	取水量(亿立方米)	水资源费(元)	交易基准价格(元)	满意度	决策权重	交易前经济效益(亿元)	交易后经济效益(亿元)
考虑公平	农业	0.47	0.4556	—	—	—	0.939	0.452	—	—
	工业	0.5933	0.5787	—	—	—	0.951	0.548	—	—
考虑公平及效率	农业	0.47	0.4571	0.4471	0.2	1.63	0.945	0.452	14.22	18.21
	工业	0.5933	0.5805	0.5905	1.5	1.63	0.957	0.548	211.69	249.25

注：基本用水量在分配时优先全额满足，表中所分水量不包括基本用水量。

对表5.8和表5.9进行分析，得出以下结果：

①在表5.8中，考虑公平及效率配置下山西省的分水量为0.3458亿 m^3，高于仅考虑公平配置下的分水量0.3436亿立方米，满意度得到提高（由0.878增至0.889），且经计算，在考虑公平及效率配置下经济效益较仅考虑公平配置下经济效益增加了0.5126亿元。在表5.9中考虑公平及效率配置下邯郸市农业的分水量为0.4571亿立方米，高于仅考虑公平配置下的分水量0.4556亿立方米，满意度得到提高（由0.939增至0.945），且经计算，在考虑公平及效率配置下经济效益较满意配置下经济效益增加了0.048亿元。

②在表5.8中，考虑公平及效率配置下河北省的分水量为1.0321亿立方米，低于仅考虑公平配置下的分水量1.0343亿立方米，满意度下降（由0.945降至0.941），但由于水权交易的存在，满意度下降的效用通过水权交易得到补偿：河北省的实际取水量达到1.0376亿立方米，高于满意配置下所分水量1.0343亿立方米，且经计算，在考虑公平及效率配置下经济效益较仅考虑公平配置下经济效益增加了0.396亿元。公平与效率永远是相互矛盾的，对效率的倾斜意味着公平性降低，但水权交易带来的效益增加使用水主

体对于公平性的降低也是乐于接受的。

③在表5.9中考虑公平及效率配置下邯郸市农业和工业的分水量之和大于满意配置下两者之和，这是由于考虑公平及效率配置下，河北省向山西省买入0.01亿立方米水，从而使总的可分水量增加。此时，考虑公平及效率配置下邯郸市的农业及工业满意度（0.945，0.957）较仅考虑公平配置下的满意度（0.939，0.951）均得到提高。由于水权交易产生的激励作用，邯郸市农业主体通过节水使总的需水量减少0.0085亿立方米（无交易下需求0.4556亿立方米与实际取水量0.4471亿立方米之差）。因此，水权交易可以有效提高水资源利用效率，并对主体的节水行为形成激励。

第三节　对策建议

通过清漳河流域水资源帕累托优化配置的实例研究，提出清漳河流域水资源管理建议。

首先，寻求流域管理与区域管理的结合点，成立清漳河流域统一管理机构，实现清漳河流域水资源的统一管理和调度。本书所建模型有效的前提是在清漳河流域水资源作为一个整体进行配置，而目前，清漳河流域并没有统一的管理机构：虽然漳河上游管理局负有清漳河流域各主体之间管理协商责任，但由于其主要职权范围为漳河干流108千米河段，对清漳河流域的水资源并不具有统一管理权及调度权。因此，有必要把"水资源统一规划"作为清漳河流域管理与区域管理的结合点，将漳河上游管理局的管理范围从108千米的侯匡观区间扩大到整个清漳河流域，在清漳河上游水库权属仍归山西省的前提下，赋予漳河上游管理局在全流域范围内的水资源调配权、调度权，使漳河上游管理局的管理权符合流域统一管理的要求，成立"清漳河水资源管理小组"子机构，对清漳河的水资源进行统一分配，明确区域调度服从流域统一调度，强化清漳河水资源管理小组的地位和权威，建立健全权威、高效、协调的流域水资源管理体制。

　　其次，从流域水资源管理及配置的创新看，必须认识到政策网络治理机制对流域水资源配置的重要指导意义，在该思想指导下，在清漳河流域水资源配置中，提供各用水主体参与配置决策的渠道能够有效提高水资源分配效率，如通过构建利益表达、利益约束、利益补偿、利益协商等机制去协调、平衡好公私利益关系以及地区间利益关系，促进各利益主体的协商互动，能够有效提高流域水资源的配置效率，降低各主体的缺水率。但是，目前清漳河流域水资源配置主要依赖于单一的政府决策主体，并未考虑各用水主体的利益诉求，同时缺乏各主体之间的沟通渠道及机制，从而造成了各主体需水、取水信息传递受到阻碍，无法形成有效的流域水资源配置方案，容易造成各主体对于水资源配置方案的执行度不高，影响配置效率。因此，高效的清漳河流域水资源配置应该提供区域政府间、行业用水主体间的利益诉求渠道，完善监督、协调、激励政策制度，使各主体能够参与到配置决策过程中，尽可能地平衡地方政府之间、行业用水主体之间的利益，提高各主体对水资源配置方案的满意度。

　　最后，建立合理的水权交易市场，允许用水主体将节约出来的水资源在市场上以一定的价格进行买卖，激励用水主体的节水行为，提高用水主体的节水积极性。通过考虑公平的清漳河流域水资源优化配置，能够有效降低各主体的缺水率，提高水资源产生的经济效益，但考虑公平的、考虑公平及效率的清漳河水资源优化配置结果对比分析表明，如果要进一步提高流域水资源的配置效率，必须借助于经济手段，使用水主体意识到节水能够带来更大的效益，从而形成有效的节水激励。另外，交易价格从一定程度上反映了流域水资源的稀缺性，目前我国部分地区的水权交易价格普遍偏低，远远低于流域水资源混合配置优化下所获得的水权价格：表5.8及表5.9中，地方政府间、行业主体间的交易基准价格分别为0.75

元、1.63 元，对用水主体节水行为的激励作用有限，因此，应建立符合市场供需规律的水权交易价格形成机制，对用水主体形成较强的节水激励，提高流域水资源配置效率，促进流域水资源可持续发展。

第六章　结论与展望

第一节　主要结论

本书在我国推行最严格水资源管理的背景下，借鉴优化理论、公共管理学、管理学、经济学等相关理论，对流域水资源管理及配置的创新进行了探索性研究。主要得到以下结论：

首先，基于政策网络的流域水资源帕累托优化配置实现了对流域水资源配置制度的创新；"政策制度安排—博弈协商机制—个体运行最优化"有效地将流域水资源配置的宏观、中观、微观综合为一体，形成了考虑公平的、考虑公平及效率的流域水资源配置的帕累托改进路径。

其次，在用水主体满意度概念定义的基础上，通过构建用水主体满意度函数，形成最低满意度约束函数和满意度平衡约束函数，在此基础上构建的考虑公平的流域水资源帕累托优化配置能够通过用水主体满意度协商有效提高水资源的公平性。

再次，将市场配置方式与行政配置方式有机结合，考虑用水主体满意度协商及水量交易协商交互影响的考虑公平及效率的帕累托优化配置研究能够在保证用水主体公平性的基础上进一步提高水资源配置效率。基于响应面方法的模型算法设计能够有效降低模型求解的复杂度。

最后，结合清漳河流域水资源配置情况，以 2010 年漳河流域水文、经济数据为例对模型进行求解对基于政策网络的流域水资源帕累托优化配置进行理论和方法验证。通过对结果进行比较分析，考虑公平及效率的清漳河流域水资源配置既能保证配置的公平性，同时能够有效提高清漳河流域水资源的配置效率。

第二节　主要创新点

本书的创新点有以下三个方面：

首先，构建流域水资源政策网络，提出了基于政策网络的流域水资源帕累托优化配置理论。将流域水资源宏观治理思想、中观主体之间的关系结构、微观主体自身优化运行形成一个整体，阐释了"政策制度安排—博弈协商机制—个体运行最优化"的帕累托优化配置机理，并在此机理的指导下研究了流域水资源配置的帕累托改进路径。

其次，在流域水资源配置的帕累托改进路径的指导下，分别构建了考虑公平的、考虑公平及效率的流域水资源帕累托优化配置模型。通过提出用水主体满意度概念，构建最低满意度约束函数和满意度平衡约束函数，为用水主体参与流域水资源配置提供协商渠道，实现考虑公平的流域水资源帕累托优化配置。针对不同主体间的互动以及主体自身运行优化相互影响，通过用水主体满意度协商和水量交易协商交互影响的方式，实现考虑公平及效率的流域水资源帕累托优化配置。

最后，设计了基于响应面方法的流域水资源帕累托优化配置模型求解算法，以清漳河流域为例对模型进行了理论和方法验证，为清漳河流域的水资源管理和配置提供了参考。

第三节　展望

随着水资源短缺、水资源冲突越来越严重，人们对人—水的和谐越来越关注，如何实现流域水资源配置的公平性、如何在公平性实现的基础上进一步提高配置效率、如何协调公平性和效率性、如何将政府行政配置和市场机制有效地结合起来成为流域水资源配置的研究重点。本书将人—人关系作为考虑因素引入政府和市场机制结合的配置模型中，进行了初步探索，但由于时间、精力、资料等多方面的限制，仍有部分问题的分析需要完善，需要进一步深入研究，具体表现在以下几个方面：

首先，本书所研究的流域水资源配置主要针对某一时间点上的优化方案，但在实际中，水资源的供需情况随着时间在不断地发生变化，因此，仍需要将本书的研究与水资源随时间变化的规律相结合，进行流域水资源配置的实时研究。

其次，本书对于流域机构、地方政府主体对于水资源短缺率及经济效益的权重确定主要基于对当地历史情况的经验，从科学研究的角度，这些权重的确定应结合群决策等决策方法进行确定，在后期的研究中，将进一步完善。

最后，本书对流域机构影响地方政府主体利益的因素、地方政府影响区域内行业用水主体的因素仅仅考虑了水价，在实际中，上一级决策主体对下一级决策主体利益的影响因素有多种，本书没有涉及更多，需要进一步完善。

参考文献

一 中文文献

（一）专著

［美］John R. Teerink、［日］Masahiro Nakashima：《美国日本水权 水价 水分配》，刘斌、高建恩、王仰仁译，天津科学出版社 2000 年版。

王浩、秦大庸、王建华：《黄淮海流域水资源合理配置研究》，科学出版社 2003 年版。

赵选民：《实验设计方法》，科学出版社 2010 年版。

（二）期刊论文

艾立刚、王博辉、孙卓：《动态规划在水资源配置中的应用及 MAT-LAB 求解》，《水利科技与经济》2012 年第 17 期。

蔡英辉、蔡焘：《我国政策网络兼容性研究》，《领导科学》2012 年第 8 期。

陈效国：《流域机构与黄河水资源统一管理》，《中国水利报》2002 年第 10 期。

范世炜：《试析西方政策网络理论的三种研究视角》，《政治学研究》2013 年第 4 期。

范文军、宁站亮、刘勇诚等：《我国水资源现状探讨》，《北方环境》2011 年第 7 期。

韩海燕、于苏俊：《基于多目标优化模型的荣县水资源优化配置研究》，《安徽农业科学》2010 年第 19 期。

贺北方、丁大发：《多库多目标最优控制运用的模型与方法》，《水利学报》1995 年第 3 期。

侯云：《政策网络理论的回顾与反思》，《河南社会科学》2012 年第 2 期。

胡鞍钢、王亚华：《转型期水资源配置的公共政策：准市场和政治民主协商》，《中国软科学》2000 年第 5 期。

姜莉萍、赵博：《动态规划在水资源配置中的应用》，《人民黄河》2008 年第 5 期。

J. R. Teerink、M. Nakashima、刘斌等：《美国西部水资源分配及水权》，《海河水利》2001 年第 3 期。

雷玉桃：《国外水权制度的演进与中国的水权制度创新》，《世界农业》2006 年第 1 期。

郦建强、王建生、颜勇：《我国水资源安全现状与主要存在问题分析》，《中国水利》2011 年第 23 期。

李玫：《西方政策网络研究的发展与变迁——从分类到政策仿真》，《上海行政学院学报》2014 年第 5 期。

刘昌明、杜伟：《农业水资源配置效果的计算分析》，《自然资源学报》1987 年第 1 期。

刘成良、任传栋、高佳：《多目标规划在邯郸水资源优化调度中的应用》，《水科学与工程技术》2008 年第 5 期。

刘晓岩、王建中：《黄河水市场的建立与水资源的优化配置》，《人民黄河》2002 年第 2 期。

刘永宏：《基于冲突分析的石头河水库水权浅议》，《西北水力发电》2005 年第 1 期。

马国忠：《关于水权概念的探讨》，《水利经济》2007 年第 4 期。

马捷、锁利铭：《区域水资源共享冲突的网络治理模式创新》，《公共管理学报》2010 年第 2 期。

马捷、锁利铭：《水资源多维属性与我国跨界水资源冲突的网络治理模式》，《中国行政管理》2010 年第 4 期。

马捷、锁利铭：《水资源治理中的网络结构对比——基于社会网络特征的视角》,《复旦公共行政评论》2014 年第 2 期。

逄立辉、何俊仕:《跨边界水资源冲突分析研究》,《中国农村水利水
　　电》2008 年第 9 期。

钱学森、于景元、戴汝为:《一个科学新领域——开放的复杂巨系统
　　及其方法论》,《自然杂志》1990 年第 1 期。

任保华、黄平:《二次规划在调水决策和水分配问题中的应用》,《气
　　候与环境研究》2006 年第 3 期。

任勇:《政策网络的两种分析途径及其影响》,《公共管理学报》2005
　　年第 56 期。

苏青、祝瑞祥:《水权研究综述》,《水利经济》2001 年第 4 期。

孙柏瑛、李卓青:《政策网络治理:公共治理的新途径》,《中国行政
　　管理》2008 年第 5 期。

孙卫、邹鸿远:《水权管理制度的国际比较与思考》,《中国软科学》
　　2001 年第 12 期。

锁利铭、马捷:《"公众参与"与我国区域水资源网络治理创新》,
　　《西南民族大学学报》(人文社会科学版)2014 年第 6 期。

锁利铭、杨峰、刘俊:《跨界政策网络与区域治理:我国地方政府合
　　作实践分析》,《中国行政管理》2013 年第 1 期。

唐德善:《大流域水资源多目标优化分配模型研究》,《河海大学学
　　报》1992 年第 2 期。

唐润、王慧敏、王海燕:《政府规制下的水权拍卖问题研究》,《资源
　　科学》2011 年第 10 期。

唐云锋、许少鹏:《政策网络理论及其对我国政策过程的启示》,《中
　　共浙江省委党校学报》2012 年第 2 期。

王浩、陈敏建、何希吾等:《西北地区水资源合理配置与承载能力研
　　究》,《中国水利》2005 年第 22 期。

王浩、王建华、秦大庸:《流域水资源合理配置的研究进展与发展方
　　向》,《水科学进展》2004 年第 1 期。

王慧、王慧敏、仇蕾:《南水北调东线水资源配置问题探讨》,《人民

长江》2008 年第 2 期。

汪恕诚：《水权和水市场——谈实现水资源优化配置的经济手段》，《中国水利》2000 年第 11 期。

王顺久、侯玉、张欣莉等：《水资源优化配置理论发展研究》，《中国人口资源与环境》2009 年第 5 期。

翁文斌、王浩：《宏观经济水资源规划多目标决策分析方法研究及应用》，《水利学报》1995 年第 3 期。

吴浩东、胡建平、莫莉萍：《运用动态规划方法来解决水资源的最优分配》，《资源环境与工程》2007 年第 6 期。

吴泽宁、索丽生：《水资源优化配置研究进展》，《灌溉排水学报》2004 年第 2 期。

朱启林、甘泓、甘治国等：《我国水资源多目标决策应用研究简述》，《水电能源科学》2010 年第 3 期。

朱玮：《日本的水资源管理与水权制度概略》，《中国水利》2007 年第 2 期。

王树义：《俄罗斯联邦水权研究》，《法商研究》2004 年第 5 期。

谢彤芳、沈珍瑶：《涉及生态环境需水的水资源合理配置》，《水利水电技术》2004 年第 9 期。

易允文，张义顺：《水资源分配的决策模型及应用》，《控制与决策》1989 年第 2 期。

易志斌：《跨界水污染的网络治理模式研究》，《生态经济》2012 年第 12 期。

曾勇、杨志峰：《官厅水库跨区域水质改善政策的冲突分析》，《水科学进展》2004 年第 1 期。

张文军、唐德善：《水权制度与政府效用的博弈分析》，《水利经济》2007 年第 2 期。

赵海林、赵敏、毛春梅等：《中外水权制度比较研究与我国水权制度改革》，《水利经济》2003 年第 4 期。

赵微、刘灿：《基于 FH 方法的冲突局势稳定性分析方法及其应用》，

《长江流域资源与环境》2010 年第 9 期。

朱春奎、沈萍：《行动者，资源与行动策略：怒江水电开发的政策网络分析》，《公共行政评论》2010 年第 3 期。

朱亚鹏：《公共政策研究的政策网络分析视角》，《中山大学学报》（社会科学版）2006 年第 3 期。

朱亚鹏：《政策网络分析：发展脉络与理论构建》，《中山大学学报》（社会科学版）2008 年第 5 期。

（三）学位论文

卞菲：《中国省级政府政策执行的政策网络分析》，硕士学位论文，吉林大学，2013 年。

李新：《水权和流域初始水权分配初步研究》，硕士学位论文，长江科学院，2011 年。

刘振坤：《网络治理理论视角下黄河流域水污染治理研究》，硕士学位论文，西南政法大学，2013 年。

罗晓媚：《网络治理视角下我国区域公共问题合作治理模式研究》，硕士学位论文，西北大学，2010 年。

姚敦隽：《政策网络治理模式的研究》，硕士学位论文，湖南大学，2009 年。

姚雯：《不确定性 MDO 理论及其在卫星总体设计中的应用研究》，硕士学位论文，国防科技大学，2007 年。

张玲玲：《水市场多水源非线性水价模型研究》，博士学位论文，河海大学，2007 年。

赵丹桂：《网络治理视角下的我国农村水资源管理问题研究》，硕士学位论文，河南大学，2012 年。

郑长旭：《太湖流域水体污染治理中的政府与非政府组织合作机制研究》，硕士学位论文，上海师范大学，2014 年。

朱致敬：《政策网络理论研究》，硕士学位论文，湖南大学，2010 年。

二 外文文献

（一）著作

A. Maass, M. M. Hufschmidt, R. Dorfman, et al., *Design of Water - Resource Systems*, Harvard University Press, 1962.

A. Swain, *Sharing International Rivers*: *A Regional Approach*, *Conflict and The Environment*, Springer Netherlands, 1997.

E. Ostrom, *Governing The Commons*: *The Evolution of Institutions for Collective Action*, Cambridge University Press, 1990.

E. Ostrom, *Understanding Institutional Diversity*, Princeton University Press, 2009.

F. N. Correia, J. E. Da Silva, *Transboundary Issues in Water Resources*, *Conflict and The Environment*, Springer Netherlands, 1997.

H. A. Smith, *The Economic Uses of International Rivers*, PS King, 1931.

J. Tisdell, *The Evolution of Water Legislation in Australia*, Springer Netherlands, 2014.

J. Von Neumann, O. Morgenstern, *Theory of Games and Economic Behavior*, Princeton University Press, 2007.

K. W. Hipel, *Conflict Resolution*, Eolss Publishers Company Limited, 2009.

L. Fang, *Interactive Decision Making*: *The Graph Model for Conflict Resolution*, John Wiley & Sons, 1993.

M. Olson, *The Logic of Collective Action Public Goods And The Theory of Groups*, Harvard University Press, 2009.

P. H. Gleick, *Water in Crisis*: *A Guide to the World's Fresh Water Resources*, Oxford University Press, 1993.

N. Buras, *Scientific Allocation of Water Resources*, American Elservier Publishing Company, 1972.

N. Matalas, *Systems Analysis in Water Resources Investigations*, Computer Applications in the Earth Sciences, 1969.

N. M. Fraser, K. W. Hipel, *Conflict Analysis*: *Models and Resolu-*

tions, NorthHolland, 1984.

P. A. Sabatier, C. Weible, *Theories of the Policy Process*, Westview Press, 2014.

P. H. Gleick, *The World's Water* 2008 – 2009: *The Biennial Report on Freshwater Resources*, Island Press, 2008.

R. A. Rhodes, *Policy Network Analysis*, Oxford University Press, 2006.

R. Hearne, G. Donoso, *Water Markets in Chile*: *Are They Meeting Needs?*, Springer Netherlands, 2014.

T. L. Anderson, *Water Rights*: *Scarce Resource Allocation*, *Bureaucracy*, *And The Environment*, Ballinger Publishing Company, 1983.

W. J. Kickert, E. – H. Klijn, J. F. M. Koppenjan, *Managing Complex Networks*: *Strategies for the Public Sector*, Sage, 1997.

W. Whipple, *Water Resources*: *A New Era for Coordination*, ASCE Publications, 1998.

W. Wilmot, J. Hocker, *Interpersonal Cordlict*, McGraw – Hill Companies, 2000.

（二）期刊

A. A. Alchian, "Some Economics of Property Rights", *IL Politico*, Vol. 30, No. 4, 1965.

A. A. Alchian, H. Demsetz, "The Property Right Paradigm", *The Journal of Economic History*, Vol. 33, No. 1, 1973.

A. C. V. Getirana, V. De Fátima Malta, J. P. S. De Azevedo, "Decision Process in A Water Use Conflict in Brazil", *Water Resources Management*, Vol. 22, No. 1, 2018.

A. Kramer, C. Pahl – Wostl, "The Global Policy Network Behind Integrated Water Resources Management: Is It An Effective Norm Diffusor?", *Ecology and Society*, Vol. 19, No. 4, 2014.

B. D. Gardner, H. H. Fullerton, "Transfer Restrictions And Misallocations of Irrigation Water", *American Journal of Agricultural Econom-*

ics, Vol. 50, No. 3, 1968.

B. G. Colby, "Economic Impacts of Water Law – state Law and Water Market Development in the Southwest", *Natural Resources Journal*, Vol. 28, No. 4, 1988.

B. George, H. Malano, B. Davidson, et al., "An Integrated Hydro – economic Modelling Framework to Evaluate Water Allocation Strategies Ⅰ: Model Development", *Agricultural Water Management*, Vol. 98, No. 5, 2011.

B. Liu, R. Speed. "Water Resources Management in the People's Republic of China", *Water Resources Development*, Vol. 25, No. 2, 2009.

B. Marin, R. Mayntz, "Policy Networks: Empirical Evidence and Theoretical Considerations", *American Political Science Review*, Vol. 87, No. 2, 1993.

C. Gopalakrishnan, J. Levy, K. W. Li, et al., "Water Allocation Among Multiple Stakeholders: Conflict Analysis of the Waiahole Water Project, Hawaii", *International Journal of Water Resources Development*, Vol. 21, No. 2, 2005.

C. J. Perry, C. Perry, M. Rock, et al., "Water As an Economic Good: A Solution or A Problem?", *IWMI Research Reports*, Vol. 27, No. 3, 1997.

D. M. Kilgour, K. W. Hipel, L. Fang, et al., "Coalition Analysis in Group Decision Support", *Group Decision and Negotiation*, Vol. 10, No. 2, 2001.

D. M. Kilgour, K. W. Hipel, "The Graph Model for Conflict Resolution: Past, Present, and Future", *Group Decision and Negotiation*, 2005, 14 (6).

D. M. Kilgour, K. W. Hipel, L. Fang, "The Graph Model for Conflicts", *Automatica*, Vol. 23, No. 1, 1987.

D. S. Lutz, "Paradoxes of Rationality: Theory of Metagames and Political Behavior", *American Political Science Review*, Vol. 15, No. 3, 1973.

E. L. Fackenheim, "The Politics of Aristotle", *Political Science Quarterly*, Vol. 15, No. 2, 1900.

E. Ostrom, "Tragedy of the Commons", *Economic Theory*, Vol. 3, No. 3, 1999.

E. Ostrom, "Collective Action and The Evolution of Social Norms", *Journal of Economic Perspectives*, Vol. 6, No. 4, 2014.

H. S. Wong, N. -Z. Sun, W. W. -G. Yeh, "Optimization of Conjunctive Use of Surface Water and Groundwater With Water Quality Constraints", *International Review of Hydrobiology*, Vol. 97, No. 97, 2014.

J. Bielsa, R. Duarte, "An Economic Model For Water Allocation in North – eastern Spain", *International Journal of Water Resources Development*, Vol. 17, No. 3, 2001.

J. M. Buchanan, "An Economic Theory of Clubs", *Economica*, Vol. 32, No. 125, 1965.

J. Tisdell, S. Harrison, "Estimating an Optimal Distribution of Water Entitlements", *Water Resources Research*, Vol. 28, No. 12, 1992.

K. Nandalal, K. W. Hipel, "Strategic Decision Support for Resolving Conflict Over Water Sharing Among Countries Along the Syr Darya River in the Aral Sea Basin", *Journal of Water Resources Planning and Management*, Vol. 133, No. 4, 2007.

K. W. Hipel, D. Marc Kilgour, L. Fang, et al., "The Decision Support System GMCR in Environmental Conflict Management", *Applied Mathematics and Computation*, Vol. 83, No. 2, 1997.

K. W. Hipel, D. Marc Kilgour, M. Abul Bashar, "Fuzzy Preferences in Multiple Participant Decision Making", *Scientia Iranica*, Vol. 18, No. 3, 2011.

K. W. Hipel, D. M. Kilgour, R. A. Kinsara, "Strategic Investigations of Water Conflicts in the Middle East", *Group Decision and Negotiation*, Vol. 23, No. 3, 2014.

K. W. Hipel, L. Fang, T. B. Ouarda, et al., "An Introduction to the Special Issue on Tackling Challenging Water Resources Problems in Canada: A Systems Approach", *Canadian Water Resources Journal*, Vol. 38, No. 1, 2013.

Kramer R., "Collaborating: Finding Common Ground for Multiparty Problems", *The Academy of Management Review*, Vol. 15, No. 3, 1990.

L. Fang, K. W. Hipel, D. M. Kilgour, et al., "A Decision Support System for Interactive Decision Making – Part I: Model Formulation", *IEEE Transactions on Systems, Man, and Cybernetics*, Vol. 33, No. 1, 2003.

L. Fernandez, "Trade's Dynamic Solutions to Transboundary Pollution", *Journal of Environmental Economics and Management*, Vol. 43, No. 3, 2002.

L. Ge, G. Xie, C. Zhang, et al., "An Evaluation of China's Water Footprint", *Water Resources Management*, Vol. 25, No. 10, 2011.

M. A. Bashar, D. M. Kilgour, K. W. Hipelet al., "Fuzzy Preferences in the Graph Model for Conflict Resolution", *IEEE Transactions on Fuzzy Systems*, Vol. 20, No. 4, 2012.

M. F. Bierkens, Y. Wada, D. Wisser, et al., "Human Water Consumption Intensifies Hydrological Drought Worldwide", *Environmental Resarch Letters*, Vol. 8, No. 3, 2013.

M. F. Hassan, M. S. Mahmoud, M. I. Younis, "A Dynamic Leontief Modeling Approach to Management for Optimal Utilization in Water Resources Systems", *IEEE Transactions on Systems, Man and Cybernetics*, Vol. 11, No. 8, 1981.

M. Mari, K. E. Kemper, "Institutional Framworks in Sucessful Water Markets", *World Bank Technical Paper*, 1999.

M. Wang, K. W. Hipel, N. M. Fraser, "Solution Concepts in Hypergames", *Applied Mathematics and Computation*, Vol. 34, No. 3, 1989.

M. Weinberg, C. L. Kling, J. E. Wilen, "Water Markets and Water Quality", *American Journal of Agricultural Economics*, Vol. 75, No. 2, 1993.

M. W. Rosegrant, R. G. Schleyer, S. N. Yadav, "Water Policy for Efficient Agricultural Diversification: Market – based Approaches", *Food Policy*, Vol. 20, No. 3, 1995.

N. Howard, "Drama Theory and Its Relation to Game Theory Part 1: Dramatic Resolution vs Rational Solution", *Group Decision and Negotiation*, Vol. 3, No. 2, 1994.

N. Howard, "Drama Theory and Its Relation to Game Theory Part 2: Formal Model of The Resolution Process", *Group Decision and Negotiation*, Vol. 3, No. 2, 1994.

N. J. Dudley, D. T. Howell, W. F. Musgrave, "Optimal Intraseasonal Irrigation Water Allocation", *Water Resources Research*, Vol. 7, No. 4, 1971.

N. M. Fraser, K. W. Hipel, "Solving Complex Conflicts", *IEEE Transactions on Systems, Man and Cybernetics*, Vol. 9, No. 12,1979.

O. E. Johnson, "Economic Analysis, the Legal Framework and Land Tenure Systems", *Journal of Law and Economics*, Vol. 15, No. 1, 1972.

P. A. Samuelson, "The Pure Theory of Public Expenditure", *The Review of Economics and Statistics*, Vol. 36, No. 4, 1954.

P. H. Gleick, "Water and Conflict: Fresh Water Resources and International Security", *International Security*, Vol. 18, No. 1, 1993.

P. Rogers, "A Game Theory Approach to the Problems of International River Basins", *Water Resources Research*, Vol. 5, No. 4, 1969.

R. A. W. Rhodes, "The New Governance: Governing Without Government", *Political Studies*, Vol. 44, No. 4, 1996.

R. H. Coase, "The Nature of the Firm", *Economica*, Vol. 4, No. 16, 1937.

R. H. Coase, "The Problem of Social Cost", *The Journal of Law and E-conomics*, *Vol. 56*, *No. 4*, *2013*.

S. He, K. W. Hipel, D. M. Kilgour, "Water Diversion Conflicts in China: A Hierarchical Perspective", *Water Resources Management*, Vol. 28, No. 7, 2014.

T. L. Gais, M. A. Peterson, J. L. Walker, "Interest Groups, Iron Triangles and Representative Institutions in American National Government", *British Journal of Political Science*, Vol. 14, No. 2,1984.

W. Welch, "The Political Feasibility of Full Ownership Property Rights: The Cases of Pollution and Fisheries", *Policy Sciences*, Vol. 16, No. 2, 1983.

X. Cai, D. C. Mckinney, L. S. Lasdon, "Integrated Hydrologic – Agronomic – Economic Model for River Basin Management", *Journal of Water Resources Planning and Management*, Vol. 129, No. 1, 2003.

Y. Barzel, "The Market for a Semipublic Good: The Case of the American Economic Review", *The American Economic Review*, Vol. 661, No. 4, 1971.

Y. Geng, B. Mitchell, F. Tsuyoshi, et al., "Perspectives on Small Watershed Management in China: The Case of Biliu", *International Journal of Sustainable Development & World Ecology*, Vol. 17, No. 2, 2010.

Y. Y. Haimes, W. A. Hall, H. T. Freedman, "Multiobjective Optimization in Water Resources Systems: The Surrogate Worth Tradeoff Method", *Water Resources Research*, Vol. 10, No. 4, 1974.

(三) 会议论文

L. Fang, K. W. Hipel, D. M. Kilgour, et al., "Scenario Generation and Reduction in the Decision Support System GMCR II", *IEEE International Conference on The Systems, Man, and Cybernetics*, 1997.

J. Briscoe, "Water as An Economic Good: The Idea And What It Means in Practice", *Proceedings of the World Congress of the International*

Commission on Irrigation and Drainage, 1966.

S. He, K. W. Hipel, D. M. Kilgour, "Water Diversion Conflict in Danjiangkou, China", *IEEE International Conference on the Systems Man and Cybernetics* (*SMC*), 2012.

S. He, K. W. Hipel, D. M. Kilgour, "A Hierarchical Approach to Study Water Diversion Conflicts in China", *IEEE International Conference on the Systems Man and Cybernetics* (*SMC*), 2013.

M. A. Bashar, K. W. Hipel, D. M. Kilgour, "Fuzzy Preferences In A Two – decision Maker Graph Model", *IEEE International Conference on the Systems Man and Cybernetics* (*SMC*), 2010.

M. Bristow, K. W. Hipel, L. Fang, "Ordinal Preferences Construction for Multiple – objective Multiple – participant Conflicts", *IEEE International Conference on the Systems Man and Cybernetics* (*SMC*), 2012.

P. Herbertson, W. Dovey, "The Allocation of Fresh Water Resources of A Tidal Estuary", *Proceedings of the Exeter Symposium*, 1982.

(四) 其他

I. D. Carruthers, R. Stoner, "Economic Aspects And Policy Issues in Groundwater Development", *World Bank Staff Working Paper*, The Work Bank, 1981.

S. R. Kanbur, B. Mundial, "Heterogeneity, Distribution, and Cooperation in Common Property Resource Management", Policy Research Working Paper Series 844, The Work Bank, 1992.